Houda Berrouk
Saloua Ben Adouda
Nadia Chaib

Propriedades antifúngicas de Artemisia herba alba e Thymus vulgaris

Houda Berrouk
Saloua Ben Adouda
Nadia Chaib

Propriedades antifúngicas de Artemisia herba alba e Thymus vulgaris

Alguns fungos patogénicos para o homem

ScienciaScripts

Imprint

Cover image: www.ingimage.com

This book is a translation from the original published under ISBN 978-620-6-69811-1.

Publisher:
Sciencia Scripts
is a trademark of
Dodo Books Indian Ocean Ltd. and OmniScriptum S.R.L publishing group

120 High Road, East Finchley, London, N2 9ED, United Kingdom
Str. Armeneasca 28/1, office 1, Chisinau MD-2012, Republic of Moldova, Europe
Printed at: see last page
ISBN: 978-620-7-66470-2

Conteúdo

INTRODUÇÃO

No passado, as plantas medicinais eram uma das únicas fontes de cura para as doenças. O conhecimento que o homem possui nesta parte da botânica não foi adquirido sem perigo. O homem considera as plantas como companheiras fiéis, a quem recorre pelos bens que fornecem e pela sua grande ииШё. Elas são vëritaЬIes farmácias naturais, que o nosso bom Deus crëë e ё1.аЬН na terra para manter a nossa saúde, prevenir os nossos males e até curá-los. [2]

A utilização de plantas na medicina é muito antiga. Descobriu-se mesmo que os animais selvagens utilizam instintivamente certas plantas para se tratarem a si próprios! Atualmente, para que a medicina tradicional possa dar frutos em grande escala e ser ainda mais eficaz, é necessário que se encontre com a medicina dita "moderna".

Para além do facto de constituírem uma riqueza biológica inquestionável, os recursos filogenéticos são fonte de numerosas virtudes graças aos princípios activos que lhes são inerentes дё^тет

Algumas espécies vegetais, reconhecidas como plantas medicinais, são capazes de produzir substâncias naturais cuja especificidade está intimamente relacionada com a natureza da espécie em causa [9].

Na medicina tradicional, a droga é usada como um sëdativo Ыдёге para casos de nervosismo, fadiga e distúrbios do sono, assim como é usada na composição de muitos chás de ervas sëdativos [16].

Hoje em dia, apesar do desenvolvimento da terapêutica química, a utilização de plantas medicinais continua a ser muito popular, devido à sua eficácia em vários procedimentos terapêuticos, graças aos princípios activos que contêm. Entre estes princípios activos encontram-se os óleos essenciais, que são extractos aromáticos e voláteis. [24]

Os óleos essenciais são líquidos voláteis, refringentes, opticamente activos, semelhantes a óleos, com um odor caraterístico. São formados num grande número de plantas como subprodutos do metabolismo secundário.

Do ponto de vista químico, são misturas extremamente complexas. A medicina utiliza frequentemente substâncias derivadas dos óleos essenciais. [16]

De acordo com as várias bibliografias farmacêuticas, os óleos essenciais têm atividade antiparasitária, antiviral e antibacteriana, sendo também antifúngicos"[19].

Os óleos essenciais e as plantas aromáticas dos gënërales continuam a ser utilizados pelas suas propriedades medicinais, neste caso as suas propriedades anti-inflamatórias e anti-sépticas,

antiviral, antifúngico, bactericida, antitóxico e repelente de insectos, tonificante e estimulante, calmante, etc.[24]

Para atingir este objetivo, propomos no nosso trabalho abordar a extração de óleos essenciais pelo método de hidrodestilação de duas plantas espontâneas, uma da willaya de Souk-Ahras: ***Origanum vulgare*** e a outra da região de Boukhadra **wilaya de Tebessa**: ***Artemisia herba alba, a*** fim de avaliar o seu rendimento em óleo essencial, identificar e caraterizar os seus componentes químicos por cromatografia em camada fina (CCF) e testar a sua eficácia contra diferentes espécies de fungos patogénicos.

Foram dedicadas duas secções para ilustrar este facto:

ereA 1 secção bibliográfica compreende três capítulos:

- A primeira: uma coleção de dados bibliográficos sobre plantas medicinais.

- A segunda descreve os óleos essenciais e os métodos utilizados para os extrair.
- A terceira: fornece informações sobre fitoterapia e aromaterapia.
- eme A secção prática2 compreende dois capítulos:
- O primeiro: Materiais e Métodos.
- O segundo trata dos resultados e da discussão.

E no final do nosso trabalho, tiraremos uma conclusão e olharemos para o futuro.

Partie 01 :

Partie bibliographique

1 parte

Bibliografia

Capítulo 1: Plantas medicinais

1-História

O primeiro texto conhecido sobre fitoterapia está gravado numa tábua de argila, escrita pelos sumérios em ciracteres cuneiformes há 3000 anos a.C.; utilizavam plantas como a murta, o cânhamo, o tomilho e o salgueiro em decocções filtradas.

O Papiro de Ebers, datado do século XVI a.C., é o mais antigo compêndio conhecido de plantas medicinais. Com 110 páginas, é de longe o mais volumoso que se conhece do antigo Egipto, e remete para documentos mais antigos que listam dezenas de plantas juntamente com instruções para a sua utilização. [38]

Os gregos e os romanos também utilizavam muitas plantas. Encontram-se referências a elas nas obras de Dioscórides (um médico grego do século I), entre outras.

Na Europa, as plantas foram a base da farmacopeia até ao final do século XIX e ao advento da química moderna. Ainda muito utilizadas após a Segunda Guerra Mundial, foram posteriormente suplantadas por medicamentos sintéticos mais simples de utilizar. [18]

Em França, o governo de Vichy aboliu o diploma de ervanário em setembro de 1941. De 4500 ervanários em 1941, passou-se para cerca de dez, enquanto na Alemanha e em Itália existem vários milhares.

Desde a Antiguidade, os especialistas em plantas foram claramente identificados, desde o médico ao ervanário, e esta separação ainda está em vigor noutras sociedades do mundo: certas plantas são sagradas, preparadas apenas pela pessoa que desempenha a função de curandeiro. [38]

2-Introdução

As plantas medicinais fazem parte da história de todos os continentes: na China e na Índia, ao longo dos séculos, o conhecimento das plantas foi organizado, documentado e transmitido de geração em geração. Hoje em dia, a utilização de plantas medicinais está a ser reavivada nos países ocidentais, nomeadamente para tratar os desequilíbrios causados pela vida moderna, desde o stress aos problemas de peso.

A utilização da fitoterapia está a tornar-se parte da vida quotidiana, sob a forma de prevenção, e já não está reservada ao tratamento de doenças. [4]

Em África, as atitudes variam, em parte devido à persistência da feitiçaria. Milhões de pessoas utilizam a medicina tradicional em primeiro lugar, e por vezes exclusivamente, porque continua a ser a mais acessível e parece eficaz. Outros preferem a medicina ocidental, porque associam a medicina tradicional à superstição. Um número global dá uma ideia da importância da utilização da medicina tradicional: estima-se que 80% da população mundial a utiliza para os seus cuidados de saúde primários. [4]

Depois de terem combatido a medicina tradicional durante muito tempo, os médicos e as organizações de saúde reconhecem atualmente o valor e a eficácia do tratamento com plantas. Estas são também utilizadas na composição dos chamados medicamentos modernos.

A Artemisia annua, por exemplo, é utilizada na China há mais de dois mil anos: o princípio ativo desta planta tornou-se o ingrediente essencial nos tratamentos contra a malária. Após mais de 20 anos de investigação e trabalho, está atualmente incluída na lista de medicamentos essenciais da OMS. *A Artemisia Annua* é atualmente cultivada na África Oriental para abastecer os mercados europeus. [4]

Outras plantas africanas estão a ser alvo de um interesse renovado, como o gerânio africano, a ameixa africana e a *Sutherlandia frutescens*. Esta planta, que só cresce na África do Sul, é utilizada para complementar as terapias de combate à SIDA.

Por outro lado, outras plantas são apresentadas como produtos "milagrosos" por certos charlatães que se aproveitam da credulidade e da angústia dos doentes (nomeadamente para tratar a SIDA).

Por conseguinte, é muito importante que a medicina moderna e a medicina tradicional trabalhem em conjunto: - A fim de validar e melhorar os remédios tradicionais.

- Para que possamos aprender uns com os outros e complementarmo-nos, levando a investigação para o nível seguinte.[25]

3-Definição:

As plantas medicinais ou farmacêuticas são plantas que contêm princípios que podem ser utilizados terapeuticamente e que, depois de secas ou transformadas por diferentes métodos, são utilizadas na preparação de medicamentos. Os remédios extraídos destas plantas são utilizados como matérias-primas na indústria ou na medicina e são conhecidos como preparações galénicas (nome de Galeno, um médico do século XI). [43]

A farmacognosia é a ciência que estuda a origem, o aspeto e a composição das plantas, bem como o modo como são utilizadas, e que tem por objetivo descobrir novas plantas medicinais para utilização na medicina e na cultura [43]

Existem duas abordagens à fitoterapia, duas utilizações distintas das plantas medicinais:

1. Toda a planta ou parte da planta é utilizada tal qual, sem ter sido submetida a qualquer extração físico-química. O termo totum é então utilizado para designar a totalidade ou parte da planta utilizada. O totum contém numerosas famílias de princípios activos que actuam em sinergia. O doente pode tomá-lo sob a forma de cápsulas contendo o pó da planta, de comprimidos ou de tisanas (extração dos compostos hidrossolúveis)...
2. Exemplo: raiz de harpagophytum (*Harpagophytum procubens* L.)
3. A planta inteira ou parte da planta é submetida a uma extração físico-química. Obtém-se um extrato aquoso ou hidroalcoólico, consoante o solvente de extração utilizado. Este extrato líquido é em seguida submetido a uma fase de secagem. Obtém-se assim um extrato seco. O extrato seco é concentrado em princípios activos da mesma família química.

Exemplo: hvdro extrato alcoólico seco (*Hypericum perforatum* L.). [47]

4- Origem das plantas medicinais

As plantas medicinais podem ser encontradas quer no estado selvagem espontâneo, conhecido como "plantas forrageiras" [31], quer no estado cultivado, conhecido como "culturas".

4-1- Colheita de plantas

A colheita de plantas silvestres cobria quase todas as necessidades terapêuticas.

Atualmente, é insuficiente para muitos medicamentos.

Atualmente, as plantas são colhidas na natureza nas seguintes circunstâncias:

- Se as plantas são muito abundantes na natureza.
- Para plantas que são difíceis ou impossíveis de cultivar.
- No caso de um pedido reduzido. [10]

4-2- Plantas de cultivo

A cultura tem muitas vantagens:

- A partir de sementes seleccionadas à partida, obtemos uma matéria-prima abundante e de qualidade.

- As plantas têm todas o mesmo estado de maturidade quando são colhidas. [33]

5-Habitat de plantas medicinais

As plantas medicinais podem ser encontradas em praticamente todas as latitudes, nos mais diversos habitats, onde quer que exista o mundo vëgëtal. Encontramos a disposição do estado espontâneo, l'Adonis, Cardo benit, Tomilho, Alecrim. [12]

- O Aconite, o Bussero1e e a Arnica podem ser encontrados nas regiões montanhosas.
- Nos solos sujos da orla marítima, pode encontrar-se o absinto-do-mar, Ache.
- O marshmallow, a hortelã, etc. crescem à beira da água. [30]
- A anémona, o tomilho selvagem, etc. crescem nas encostas secas.
- Nas regiões graníticas: dedaleira, licopódio, lírio-do-vale, azevinho, etc.
- Nas pastagens húmidas, Colchicum e Bistort.
- [12]

Na água, nenúfares e agriões.

6-Colheita de plantas

As plantas são melhor colhidas com tempo seco, depois de o sol ter nascido e as rosas terem desaparecido.

As plantas são também colhidas de acordo com a sua idade, o local e a altura da colheita. Além disso, em função das suas diferentes utilizações, são colhidas de forma diferente consoante a estação do ano.

As propriedades medicinais e as qualidades culinárias de muitas ervas e outras plantas derivam dos princípios activos e aromáticos que contêm, pelo que a colheita só é adequada quando os órgãos procurados são mais ricos nestes princípios activos e aromas [9].

7-Secagem

As plantas são secas à sombra, mas em pleno sol, a ação da luz intensa descolora as plantas medicinais recolhidas e os seus princípios voláteis e óleos essenciais são destruídos pelo calor, sobretudo no caso das flores, que são geralmente as mais afectadas pela ação do sol.

A temperatura máxima permitida para a secagem de plantas aromáticas ou plantas que contenham óleos essenciais é: 30°C.

Em todos os outros casos, a temperatura de secagem pode variar entre: 15°C e 70°C.

É essencial estabelecer uma boa circulação de ar para evitar a fermentação ou o apodrecimento. [9]

8-Conservação

Se as folhas, as flores, as sementes, os caules, os frutos e as raízes de uma planta forem conservados ao mesmo tempo, todas estas partes devem ser sëchëparëly separadas e colocadas em frascos diferentes, geralmente em recipientes de barro ou de vidro, também podem ser usadas caixas de metal, mas é preciso ter o cuidado de garantir que estes recipientes estejam perfeitamente limpos (estéreis) e muito bem secos; porque o pior inimigo das plantas medicinais é o pó.

Cada frasco deve ser rotulado com o nome da planta que contém para evitar qualquer possibilidade de confusão; os frascos devem ser mantidos num local fresco e seco [42].

9- A lista de princípios activos das plantas medicinais

Os princípios activos de uma planta medicinal são os componentes naturalmente presentes na planta, que lhe conferem a sua atividade terapêutica. Estes componentes estão frequentemente presentes em quantidades extremamente reduzidas na planta: representam apenas alguns por cento do seu peso total, mas são o seu elemento essencial.

Os ingredientes activos encontram-se em todas as partes da planta, mas em quantidades desiguais. E nem todos os ingredientes activos da mesma planta têm as mesmas propriedades. Um exemplo típico é a laranjeira; as suas flores são sedativas e a sua casca é aperitiva. Nalgumas plantas, apenas uma parte da planta pode ser utilizada. Um exemplo é o ginseng, em que apenas a raiz contém substâncias tónicas. [18]

9-1-Alcalóides

Estas substâncias são tóxicas, por vezes em pequenas doses, e têm efeitos terapêuticos conhecidos. São substâncias orgânicas azotadas de origem vegetal, de carácter alcalino e de estrutura complexa. Os alcalóides encontram-se em várias famílias de plantas e são conhecidos mais de mil. Morfina (1805), estricnina (1818), cafeína, quinina, colchicina, curare, atropina, etc. Passam muito facilmente por percolação. Actuam diretamente no sistema nervoso sistema nervoso com com efeitos sobre a consciência e as capacidades motoras.

Ação sobre o sistema nervoso pode ir até um antiespasmódico antiespasmódico, e

midriático, anestésico local ou analgésico e narcótico. Os alcaloi'des são hoje nomeadosës a partir da planta que os forneceu, sempre com uma terminação "ine".Num дё^гак fagon, os alcaloi'des são amargos e usadës como apëritivos. [39]

9-2-Heterósidos (ou glucósidos)

Trata-se de moléculas de açúcar ligadas a uma função **fenólica** ou a um derivado de nitrato ou de enxofre que confere à molécula propriedades específicas.

9-3-Saponinas (ou saponósidos)

Os saponósidos (sabão - erva-sabão, planta-sabão, alcaçuz, caldo branco, modeno) são ieterósidos naturais cujo material é um composto solúvel em água que faz espuma como água de sabão. [25]

9-4-Flavonóides

São utilizados na composição de muitos pigmentos vëgëtais, em particular pigmentos amarelos e alaranjados (calêndula) e também pigmentos *azuis* (centáurea, um ótimo antiespasmódico para o rosto e especialmente para os olhos). As plantas que contêm flavonóides [39] estão frequentemente ligadas à função antiespasmódica.

9-5-Antocianinas (ou antocianinas)

Em doses elevadas, as antocianinas são venenos *semelhantes ao cianeto*. São derivados do ácido cianídrico (produto da combinação do iodo com o [39] cianogénio). Encontramo-las nas flores azuis (centáureas, violetas, malvas).

9-6-Mucilagens

Continuam a ser hëtërosídeos. São moléculas grandes semelhantes às gomas, que são concreções de açúcares em forma. Depositar-se-ão espontaneamente nos tecidos e actuarão [25] como protectores.

9-7-Vitaminas :

Substâncias amínicas necessárias, em pequenas quantidades, para a manutenção da vida. As vitaminas são substâncias que actuam em pequenas doses. Existem vitaminas hidrossolúveis e lipossolúveis.

As plantas fornecem quase todas as vitaminas. Algumas plantas são ricas em vitaminas (Ex: Limão--> vitamina C; Agrião--> vitaminas B1, B2, C, E). Exemplos: Rosaceae7, Rutaceae 8, Fabaceae 9. [39]

9-8-Taninos :

O tanino é um **fenol** associado a um açúcar. Um dos taninos básicos é o ácido gálico. Precipitam (aglutinam, coagulam) as proteínas e a gelatina, o que é muito mais raro.
Além disso, eles podem ser usados em casos de envenenamento por alcalóides, pois os precipita e os torna inofensivos (exceto morfina, cocaína e nicotina, sem interação). Mas se a dose for forçada, as excës de tanino HЬёre novamente a substância tóxica e causam uma inflamação secondiëme. [39]

10-Métodos de preparação em fitoterapia

Em função do efeito terapêutico pretendido, a utilização tradicional e depois a investigação desenvolveram processos de tratamento das plantas que permitem conservar apenas as moléculas de interesse, para utilização local, por via oral ou injetável.
Nas preparações, a composição de um **remédio** pode combinar diferentes plantas. As tisanas, os cataplasmas aplicados diretamente na pele, os xaropes, as soluções alcoólicas ou aquosas, as essências e os óleos são as formas mais comuns de remédio. [39] Vamos analisar aqui as principais formas galénicas disponíveis e as suas origens de fabrico **10-1 - Chás de ervas**
As tisanas são obtidas por maceração, digestão, infusão ou decocção com água.
Infusão -*S*: Trata-se de deitar água a ferver sobre a planta, tapá-la e deixá-la arrefecer durante 2 a 15 minutos. É adequado para plantas frágeis (flores e folhas).
Decocção: Trata-se de ferver a droga em água durante 15 a 30 minutos. É adequada para plantas "duras" (casca, raízes, frutos e certas folhas).
Maceração: Trata-se de manter a planta em contacto com a água (à temperatura ambiente) durante 30 minutos a 4 horas.
Digestão: A planta é mantida em contacto com a água (a uma temperatura inferior à da ebulição, mas superior à temperatura ambiente) durante 1 a 5 horas.

10-2-Pós

Preparados por pulverização seguida de peneiração, são utilizados diretamente na composição dos grânulos, mas também no fabrico de outras formas gaiânicas, como os extractos e as tinturas [39].

10-3-Extractos

Os extractos obtêm-se tratando a planta numa solução vaporizável (éter, água, álcool, etc.) através de diferentes processos de extração (maceração, digestão, infusão, digestão, lixiviação) e evaporando depois estas soluções para obter uma consistência fluida, mole ou seca. Por conseguinte, são classificadas em função das suas consistências. [28]

10- 4-Tinturas

São obtidos a partir de pós secos de plantas e o seu título alcoométrico varia consoante o tipo de medicamento. Pode ser de 60° (princípios activos altamente solúveis), 70° ou 90° a 80° (por exemplo, produtos resinosos e óleos voláteis). [28]

10-5-Espíritos

Trata-se de tinturas preparadas a partir de plantas frescas que não sofreram os efeitos da dessecação.

10-6- Alcoolatos

Obtêm-se por destilação dos princípios voláteis das substâncias vegetais em contacto com o álcool. São sempre incolores e indestrutíveis, mas devem ser conservados em [39] garrafas bem fechadas.

10-7- Retratos

Só se justificam nos casos em que os princípios activos de uma droga (por exemplo, castanha-da-índia, valeriana, salva, colchicum, etc.) são susceptíveis de se degradar após a colheita, exigindo uma operação de "estabilização" (eliminação dos produtos inactivos e/ou degradantes, como os fermentos) com água.

10-8- Óleos essenciais (OE)

Apresentam-se sob duas formas:

A) OEs sólidos, também conhecidos como "cânforas de petróleo".

B) OE líquido natural ou dissolvido (por exemplo, OE de rosas).

C) O OE officinalis é obtido por destilação a vapor, expressão ou incisão.

São classificados em função da sua cor (azul, amarelo, verde-castanho ou incolor) ou da sua composição química [39] (hidrocarbonetos, enxofre e hidrocarbonetos oxigenados).

10- 9- Águas destiladas ou hidrolatos

Os hidrolatos são obtidos por destilação (com água) de pó de plantas ou de partes destas plantas (flores, copas floridas). As águas destiladas, ou hidrolatos, são muito [39] perfumadas porque os OEs estão suspensos na água (no caso dos sólidos).

11-Objetivo de utilização

Na fitoterapia tradicional, as plantas podem ser utilizadas frescas, o que nem sempre é possível, ou secas, e depois utilizadas em diversas preparações para conservar os seus princípios activos. São administradas sob a forma de tinturas alcoólicas, maceras, chás de ervas, compressas, bálsamos, etc. (Nota: das tisanas só se podem extrair os princípios activos hidrossolúveis da planta).

Podem ser utilizados processos mais recentes para obter todos os princípios activos, sendo o mais rudimentar a trituração fina (crio-trituração, por exemplo) da planta após secagem para obter um pó total da planta. Este pó pode então ser apresentado sob a forma de comprimidos, cápsulas, saquetas, etc.

Um outro processo, a extração, optimiza o princípio do chá de ervas utilizando uma tecnologia de ponta para obter um pó purificado e concentrado em princípios activos. Após a moagem grosseira das plantas, o pó é imerso numa solução natural, o solvente (água ou álcool), adaptado às propriedades físico-químicas dos princípios activos procurados. Esta fase crucial permite isolar todos os princípios activos e preservar a sua ação sinérgica. O líquido assim obtido passa em seguida por uma fase de filtração para eliminar os compostos sólidos não assimiláveis, como a celulose. Segue-se uma fase de secagem sob vácuo moderado, que elimina progressivamente o solvente e os eventuais contaminantes. O extrato seco assim obtido apresenta as seguintes vantagens

- Concentração de ingredientes activos
- Uniformidade do teor de ingrediente ativo (independente das variações naturais, localização, estação do ano, etc.)
- Biodisponibilidade máxima através da eliminação de compostos não assimiláveis
- Segurança sanitária: ausência de contaminação microbiológica e química

Na Europa, certas plantas são reconhecidas como plantas medicinais e, tal como os medicamentos, estão sujeitas a uma autorização de comercialização. Por conseguinte, os produtos extraídos de certas plantas só são vendidos nas farmácias e, por vezes, apenas mediante receita médica. [28] **11-1/ Uso interno**

Fumigação

Isto implica a utilização de vapores carregados com os ingredientes activos da planta, por exemplo, ferver folhas de eucalipto numa sala a ser desinfectada.

Há também fumigações húmidas, em que uma planta é fervida: utiliza-se um inalador ou a técnica de cobrir a cabeça com uma toalha felpuda, com o rosto colocado sobre a tigela de água fumegante que contém as plantas. [39] **11-2/ Uso externo :**

11-2.1. Pele :

A. Comprimir

Isto envolve a aplicação de gaze embebida em decocto, infusão ou macërë nas áreas a serem tratadas.

B. Cataplasma

Trata-se da preparação da planta, que é suficientemente pastosa para ser aplicada na pele para fins terapêuticos.

A planta pode ser moída, picada a quente ou a frio, ou misturada com farinha de linhaça para obter a consistência correcta.

A cataplasma acalma as dores musculares e as nevralgias, alivia as entorses e as fracturas e ajuda a extrair o pus das feridas infectadas. [39]

C- Loções :

As loções são preparações à base de água de plantas em infusões, decocções ou tinturas diluídas, que são esfregadas na epiderme em zonas irritadas ou inflamadas.

D- os banhos

No banho, basta deitar na água uma infusão ou decocção de plantas.

Pode ser um banho completo ou um banho parcial. É preparado adicionando uma infusão, decocção ou macerado à água do banho.

1-Banho completo: Pode ser revigorante ou, pelo contrário, calmante ...

2-Banho parcial: é feita uma distinção entre :

- O banho de assento, ou banho da região anal, é indicado para o tratamento de hemorróidas e fissuras anais. O banho de assento frio tem um efeito descongestionante sobre a pélvis.
- Os pedilúvios e os banhos de mão são indicados em caso de transpiração excessiva dos pés ou das mãos. [39]

11-2.2 Membranas mucosas

A- Gargarejo

A mëdicação, que consiste numa infusão ou decocção tão quente quanto possível, é utilizada para enxaguar a boca, a garganta, a faringe, as amígdalas e as membranas mucosas. O gargarejo nunca deve ser engolido.

B-Bochechos

Em infusão, decocção ou maceração, é utilizada para tratar afecções da boca, como as úlceras bucais. [39]

C- Banho de olhos

É efectuada com um copo cheio de infusão ou com um decantador; é [39] indispensável filtrar a solução antes de a utilizar.

12- Precauções para a utilização de fitoterapia

Algumas plantas contêm princípios activos que podem ser extremamente potentes, enquanto outras são tóxicas em pequenas doses. O facto de se utilizarem apenas plantas não significa que sejam inofensivas; a cultura livre de certas plantas é proibida em certos países, sendo o exemplo mais comum a papoila, cuja cultura é regulamentada em França e se destina exclusivamente à indústria farmacêutica.

A farmacologia reconhece a ação benéfica de certas plantas e, por conseguinte, concentra-se na extração do princípio ativo dessas plantas. O consumo da planta "em bruto" leva ao consumo de outros produtos que não o princípio ativo, o que torna impossível saber a dose exacta de princípio ativo ingerida, levando ao risco de subdosagem ou sobredosagem. Para alguns fitoterapeutas, os outros ingredientes atenuam os efeitos secundários ao interagirem entre si. Por exemplo, a destilação da alfazema produz mais de 200 moléculas diferentes, incluindo cetonas e cumarinas, que são menos tóxicas do que se fossem utilizadas isoladamente.

A composição de uma planta pode variar de um espécime para outro, dependendo do solo, condições de crescimento, humidade, temperatura, luz solar, o que determinará o que é conhecido em aromaterapia como quimiotipo. [38]

Da mesma forma, não devem ser utilizadas plantas de origem duvidosa, uma vez que os factores de poluição, a colheita e os métodos de conservação e armazenamento podem alterar as propriedades das plantas.

13- - Interação

A toma simultânea de plantas medicinais e de medicamentos pode levar a uma interação entre os dois remédios e ao aparecimento de efeitos secundários por vezes graves.

Por exemplo, o hipericão pode inibir o efeito de medicamentos como a dioxina, a teofilina, os anticoagulantes antivitamina K, os contraceptivos orais e certos antidepressivos, ou medicamentos menos utilizados como a ciclosporina, tratamentos para a infeção pelo VIH (SIDA) como o amprenavir ou o indinavir, ou certos medicamentos anticancerígenos.

Por fim, é preciso notar que algumas pessoas apresentam a fitoterapia como um método "natural", argumento que se baseia muitas vezes na publicidade ou num efeito de moda que joga com uma ambiguidade: natural é igual a "benéfico" e "inofensivo" (quando a natureza não é boa nem má, e a morte, as doenças, os venenos e as toxinas são todos naturais). Estima-se que 5% das intoxicações são causadas por plantas, por vezes por preparações fitoterapêuticas. [18] como a cana de lobo

14- Indicações

No entanto, estão a ser desenvolvidos novos protocolos de investigação rigorosos que respeitam as características específicas das plantas (sinergia, consideração dos oligoelementos, ação vibratória, etc.). Por exemplo, está a ser considerado o estudo das respostas fisiológicas aos tratamentos com plantas (estimulação da circulação sanguínea, expetoração, efeitos diuréticos, influência na digestão, etc.) em vez de avaliar estatisticamente os seus efeitos na morbilidade. [25]

- Beta-carotenos para o bronzeado
- O trigo e a soja para combater o envelhecimento
- Pernas pesadas
- Prisão de ventre
- Diarreia
- Os cëphalëes
- Problemas urinários
- Síndromes brônquicas
- Dores de costas
- Artrite

- Reumatismo
- Rinite
- Perda de peso
- Stress
- A dëpressão
- Enxaquecas
- Insónia
- Hipertensão arterial
- Drenagem linfática

15 - Contra-indicações

Nem tudo o que é "natural" é inofensivo. Algumas plantas são simplesmente venenosas e outras podem ser nocivas em interação com outras plantas, medicamentos ou suplementos. A maioria das monografias de plantas medicinais indica as potenciais interacções nocivas de cada uma delas. [28]

16-Exemplos de plantas medicinais

16-1- 'Armoise

> Posição sistemática da espécie *Artimisia herba alba* :

Reino: Plantae
Classe: Equisetopsida
Família: Asteraceae
Ordem : Asterales
Género: Artimisia
Espécie: *Artimisia herba alba*

Figura 01: Artemísia [50]

> História

Muitos livros sobre a mitologia grega e romana referem que a artemísia, a "mãe das ervas", era muito apreciada como planta medicinal. No Império Romano, a artemísia era supostamente plantada ao longo das estradas para que os legionários não ficassem com as pernas cansadas durante as viagens. Esta crença manteve-se durante séculos, até à Idade Média. O académico William Coles escreveu em 1656: *"...se colocarmos artemísia nos sapatos de manhã, podemos viajar léguas e léguas até ao meio-dia sem fadiga".*

A artemísia era frequentemente dotada de poderes mágicos. Dizia-se que um ramo de artemísia pendurado debaixo do beiral protegia a casa e todos os seus habitantes das epidemias e dos raios. Historicamente, não há dúvida de que o género botânico Artemisia - a artemísia de Douglas *(Artemisia douglasiana), por exemplo,* é utilizada como planta medicinal na medicina tradicional chinesa - não perdeu nenhuma das suas lendárias virtudes mágicas até aos dias de hoje. [11]

> **Descrição**

Nomes comuns: *Artemise - Absinthe sauvage - Herbe de la Saint-Jean - Couronne de Jean-Baptiste - Herbe de feu - Herbe aux cent gouts - Tabac de Saint-Pierre - Sourcil de loup.*

A artemísia é uma planta herbácea perene de 0,50 a 1,50 m de altura, com um cepo espesso e lenhoso e um caule rígido, ereto, avermelhado e ramificado.

As folhas sésseis, verde-escuras, sem pêlos em cima e esbranquiçadas em baixo, são cortadas em lóbulos agudos e libertam um odor aromático que lembra o absinto quando esfregadas entre os dedos. As flores, amarelo-esverdeadas, tubulares e em pequenas cabeças ovóides, agrupam-se em panículas largas de epis soltas e os frutos são akenes oblongos e sem pêlos.

Cresce em terrenos baldios, escombros, aterros, terrenos pedregosos, ao longo de linhas férreas, caminhos florestais e margens de rios, até uma altitude de 1.600 m. Comum em todas as regiões temperadas da Europa, norte da Ásia, África e América. [47]

> **Botânica e cultura**

A artemísia, uma "erva daninha" que cresce praticamente em qualquer solo, é uma planta perene imponente que pode atingir mais de 1 metro de altura. Pode ser propagada por sementeira ou por corte de rebentos jovens. Esta planta aromática tem caules lenhosos na parte inferior e folhas verdes médias, prateadas e felpudas na parte inferior.

A planta tolera muito bem as geadas invernais. Recomenda-se podá-la a 15 cm do solo no início do outono para que novos rebentos se formem antes do inverno. As suas flores roxas dão um toque de cor discreto a qualquer jardim nos meses de verão.

As folhas são utilizadas em primeiro lugar. Mas em certas regiões, nomeadamente na China, os jovens rebentos floridos são também utilizados para aromatizar pratos delicados. Esta planta solitária de tamanho imponente prefere locais ensolarados, de preferência não muito húmidos. [11]

> **Utilização em medicina natural**

Recomendamos que esta planta amarga seja utilizada com moderação, tanto na medicina como na culinária. Afinal de contas, *"o ótimo é muitas vezes inimigo do bom"*. Mas o chá de artemísia alivia frequentemente as afecções do estômago e dos intestinos. Os efeitos benéficos desta planta para a digestão, bem como a sua ação calmante nos distúrbios menstruais e nos problemas de pele, foram sempre muito apreciados. No entanto, convém notar que a artemísia não deve ser utilizada durante a gravidez e a amamentação. [34]

16-2- Tomilho

> **Posição sistemática da espécie *Thymus vulgarus***

Reino: Plantae

Família: lábios

Ordem: Lamiales

Género : *Thymus*

Espécie : *Thymus vulgarus*

Figura 02: Tomilho [49]

> **História**

O tomilho era já uma planta importante no antigo Egipto. Os sábios desta cultura altamente desenvolvida utilizavam-no para embalsamar os mortos. É indiscutível que o tomilho tem propriedades conservantes. Protege o papel do bolor e ainda hoje é utilizado em fluidos de embalsamamento ийНзёз para preservar colecções botânicas e anatómicas.
Os valentes guerreiros da Roma antiga tomavam banhos de tomilho para se fortalecerem e manterem a sua coragem em combate. *Thymus* vem da palavra grega *thymon*, que significa coragem, força. É também por isso que, na Idade Média, as donzelas bordavam ramos de tomilho nos lenços que davam aos seus valentes cavaleiros quando estes partiam para terras distantes.
Os hëros ëcossais tëmëraires também sabiam perfilar as virtudes do tomilho e bebiam um chá desta erva aromática para lhes dar coragem e força e afastar os pesadelos.
Os gregos queimavam o tomilho como incenso nos templos e locais sagrados. Mais modernamente, o tomilho era considerado o "inimigo do veneno" e era utilizado para fumigar os quartos dos doentes. Esta planta, que a astrologia atribui a Vénus, é utilizada como incenso, entre outras coisas, para purificar os lugares onde se realizam os ritos e para favorecer a clarividência.
Esta erva familiar, utilizada na culinária, na medicina e como incenso, é originária do Mediterrâneo oriental, onde cresce em solo seco e rochoso. Os monges beneditinos trouxeram-na para o norte em 800 d.C. e começaram a cultivá-la nos jardins dos seus mosteiros. Esta valiosa erva, com as suas múltiplas utilizações, foi rapidamente introduzida nos jardins e espalhou-se gradualmente por toda a Europa. [11]

> **Descrição**

Os tomilhos são plantas pequenas e arbustivas, que se espalham (tomilho comum) ou são mais esparsas (tomilho selvagem), típicas da região mediterrânica onde crescem naturalmente. O tomilho é cultivado em todo o mundo, algumas variedades tolerando o frio e a humidade, outras o calor tropical. No entanto, o tomilho da garrigue tem a maior concentração de óleo essencial, o que sem dúvida ajuda a planta a sobreviver à aridez e ao calor estival do ambiente mediterrânico. Os botânicos distinguem numerosas espécies de tomilho, que são bastante difíceis de diferenciar e que, muitas vezes, são típicas de uma determinada região ou país (espécies endémicas). [48]

> **Botânica e cultura :**

Tomilho comum, frigoule, farigoule, barigoule, pote

O tomilho vëritaЬle é um pequeno sub-arbusto que cresce até uma altura de 40 cm. É um membro da família das Labiacëes. Os seus caules quadrados e erectos são curtos e peludos, e de cor esbranquiçada.

As suas folhas pequenas, verde-escuras, com 4-10 mm de comprimento, são elípticas a oblongas e de caule curto, cotonosas e acinzentadas por baixo e lisas por cima. São bem enroladas nos bordos. Toda a planta tem um perfume aromático e floresce de junho a setembro. As suas belas flores são de cor púrpura a rosa escuro e são muito apreciadas pelas abelhas.

Existem diferentes tipos e variëtës de tomilho, todos eles com as mesmas necessidades de habitat e cuidados. O tomilho precisa de um local ensolarado com solo leve e drenante para desenvolver plenamente todas as suas virtudes. Na primavera, pode ser-lhe dado um pouco de composto ou de adubo orgânico completo, e novamente no outono, para que o arbusto possa reunir todas as suas forças para o inverno. O verdadeiro tomilho de jardim é relativamente resistente ao frio nas nossas regiões, mas é aconselhável protegê-lo no inverno em locais expostos, cobrindo-o com ramos de abeto, por exemplo. Não necessita de poda se for colhido regularmente; caso contrário, é aconselhável cortar o arbusto em cerca de um terço no outono, tendo o cuidado de não cortar demasiado a madeira velha. Esta erva versátil pode ser propagada por corte, sementeira ou divisão da touceira.

Esta planta é indispensável em qualquer jardim de ervas ou de aromas, e também tem o seu lugar nos jardins de pedras. Adora a proximidade das pedras, que libertam o calor armazenado, e é muito decorativa num jardim ou num vaso com as suas flores cor-de-rosa. O tomilho aromático também fica muito bem num pequeno cesto de ervas decorativas. Combina bem com outras ervas mediterrânicas, como a salva, o alecrim e a alfazema. [11]

> Utilização em medicina

O tomilho desempenhou um papel importante na medicina popular europeia, ajudando a combater as doenças respiratórias e a fortalecer o corpo. Hildegarde Von Bingen também apreciava a força e as propriedades antibacterianas e antivirais do tomilho, que utilizava extensivamente. Dizia-se também que o tomilho tinha propriedades benéficas contra as perturbações do estômago e dos intestinos, a gota e o reumatismo, bem como contra a tosse, as dores de garganta e as infecções.

Na cosmética, o tomilho é utilizado fresco ou seco em banhos de vapor faciais e na limpeza da pele. [36]

Capítulo 2: Óleos essenciais

1-Definição:

Os óleos essenciais, também conhecidos como essências, são mëlanges de substâncias aromáticas produzidas por muitas plantas e presentes sob a forma de pequenas gotículas em folhas, cascas de frutos, resina, ramos e madeira.

Estão presentes em pequenas quantidades em relação à massa vëgëtal: são odoríferos e altamente voláteis, ou seja, evaporam-se rapidamente no ar.

É importante distinguir entre os óleos essenciais, os óleos fixos (azeite, etc.) e as gorduras contidas nos óleos vegetais. De facto:

J Apenas os óleos essenciais são voláteis, o que os distingue dos óleos fixos e dos óleos gordos.

São frequentemente combinados com outras substâncias, tais como gomas e resinas.

Além disso, eles próprios tendem a resinificar através da exposição ao ar. [1]

2-Propriedades físico-químicas dos óleos essenciais

2-1-Propriedades físicas :

De acordo com **Abdelouahid D.**, os óleos têm em comum um certo número de propriedades físicas:

- São solúveis em álcool, éter, clorofórmio, óleos fixos, emulsionantes e na maior parte dos solventes orgânicos, e pouco solúveis em água, à qual, no entanto, conferem o seu odor.
- O seu ponto de ebulição varia entre 160°C e 240°C.
- A sua densidade é geralmente inferior à da água, variando de 0,75 a 0,99 (os óleos essenciais de sassafrás, cravo ou canela são excepções).
- Têm um índice de fração elevado
- São dextrorotatórios ou, raramente, inactivos à luz polarizada.
- Dissolvem as gorduras, o iodo, o enxofre e o fósforo e reduzem certos sais.
- São perfumes e têm um prazo de validade limitado.
- São muito resistentes às intempéries e sensíveis à oxidação (mas não ficam rançosos)
- Estas substâncias têm uma consistência oleosa, são mais ou menos fluidas, mesmo retinóides, e são muito odoríferas e voláteis.
- *À* temperatura ambiente, são geralmente líquidos, incolores ou amarelo-pálido, embora haja algumas excepções, como o óleo essencial de azuleno, que é de cor azul.
- São produtos estimulantes, utilizados tanto no interior como no exterior do corpo, por vezes puros, geralmente dissolvidos em álcool ou num solvente adequado. [15]

2-2-Propriedades químicas :

A composição química dos óleos essenciais é muito complexa, podendo conter até várias centenas de moléculas químicas diferentes.

Os constituintes dos óleos essenciais pertencem quase exclusivamente a dois grupos caracterizados pelas suas origens biogénicas distintas:

J O grupo dos terpenoi'des.

S O grupo de compostos aromáticos derivados do fenilpropano. [1]

Grupo 2-2-1-Terpenos

No caso dos óleos essenciais, apenas os terpenos mais voláteis serão encontrados:

A- Mono terpenos :

Os monoterpenos, os componentes mais simples da série, são produzidos pelo acoplamento de

duas unidades "isoprénicas".
Podem ser acíclicos (mirceno, ocimeno), monocíclicos (a- e y-terpineno, p-cimeno) ou bicíclicos (pineno, canfeno, sabineno). Constituem por vezes mais de 90% dos óleos essenciais.

As variações estruturais justificam a existência de numerosas moléculas:

- Álcoois (geraniol, a-terpineol, borneol, trans-trans-farnesol)
- Fenóis (timol)
- Aldeídos (citronelal)
- Cetonas (carvona, в-vetivona)
- Ésteres (acetato de cedrilo)
- Éteres (1,8 cineol). [15]

B- Sesquiterpenos

Um grande número de sesquiterpenos são constituintes comuns dos óleos essenciais de plantas superiores e podem desempenhar um papel nas propriedades farmacológicas atribuídas a estas fracções voláteis.
Biologicamente, um bom número de estruturas sesquiterpénicas são fitoalexinas, outras parecem atuar como reguladores de crescimento e outras ainda atraem insectos ou actuam como factores anti-nutritivos quando estes os encontram. [15]

2-2-2-Compostos aromáticos

Os dërivës de phëhylpropano (C6-C3) são muito menos comuns do que os prëcëdents. São muitas vezes alil- e propënilfënóis, por vezes aldeídos. Compostos (C6-C1) como a vanilina ou o antranilato de metilo também podem ser encontrados nos óleos essenciais. [15]

2-2-3-Compósitos de várias origens

Os óleos essenciais podem conter vários compostos resultantes da transformação de moléculas não voláteis e que podem ser arrastados pelo vapor de água.
Ácidos orgânicos de baixo peso molecular Ácidos acético e valénico isovalénico.

- Cetonas de baixo peso molecular.
- Cumarinas voláteis, por exemplo, bergaptenos.
- Compostos de azoto ou de enxofre.
- Compostos derivados da degradação de ácidos gordos, por exemplo, a formação de ácido jasmónico e seus ésteres.
- Os compostos derivados da degradação dos terpenos, como as iononas, resultam da auto-oxidação dos carotenos. [36]

Os óleos essenciais têm um certo número de propriedades químicas em comum:

- Ao mesmo tempo, o seu odor altera-se, a ebulição aumenta e a sua solubilidade diminui.
- Absorve o cloro, o bromo e o iodo com libertação de calor.
- Alteração para uma cor amarelada por oxidação, ligada à formação de resina. [ ][23]

3-Biossíntese:

Dado que os terpenos são os constituintes característicos mais importantes da maioria dos óleos essenciais, limitaremos o nosso estudo à biossíntese deste grupo químico. Os terpenos são uma família de compostos amplamente distribuída no reino vegetal. No caso dos óleos essenciais, apenas serão encontrados os terpenos mais voláteis, ou seja, aqueles cujo peso molecular não é muito elevado, como os monoterpenos e os sesquiterpenos, que podem existir quer sob a forma de hidrocarbonetos com a fórmula bruta $(C_5H_8)_n$, quer sob a forma de derivados oxigenados destes hidrocarbonetos, denominados : Os terpenóides incluem álcoois,

aldeídos, ésteres, éteres, cetonas, fenóis e óxidos. [37]
Uma caraterística importante da estrutura química dos terpenos é a presença no seu esqueleto da reconhecida unidade de base isopreno de 5 carbonos (C5H8).
Este isopreno é a base do conceito de "regra isoprénica", que considera o di:-osfato de isopentenilo (IPP), designado sob a forma de isopreno ativo, como o verdadeiro precursor da molécula de terpeno, daí o nome isoprenóide com que também pode ser designado. [37]
A primeira fase da biossíntese da molécula de IPP consiste na condensação de duas moléculas de acetil-CoA para formar acetoacetil-CoA. Esta reação é catalisada, em primeiro lugar, por uma acetil-CoA tiolase associada a uma quinona Fe(2), A HMG CoA sintetase catalisa então a ligação de uma terceira acetil CoA para dar B-hidroxi-B-metilglutaconil coenzima A (HMG CoA). A redução da função ácida (envolvida numa ligação tioéster) a um álcool é então catalisada pela HMG CoA redutase para dar ácido mevalónico. [37]
Um grupo difosfato será então ligado à função álcool primário do ácido mevalónico, o 5-difosfato mevalónico formado reagirá com uma terceira molécula de ATP, esta reação dá origem a um composto instável que se decompõe espontaneamente perdendo uma função álcool terciário e o grupo carbonilo livre, levando à formação de IPP que é a forma biologicamente ativa da molécula isoprénica.
A biossíntese dos terpenos envolve a adição da unidade de isopreno (IPP) com isómero para formar geranildifosfato (GPP: C10), que é o precursor de todos os mono terpenos, o GPP condensa-se com outra unidade de IPP para formar o di-fosfato de [37].
farnesilo (FPP: C15), fonte de sesquiterpenos.

4-Distribuição, localização, formação

Os óleos essenciais são encontrados em várias famílias botânicas. Encontram-se em todas as partes vivas da planta e são formados no citoplasma das células spëcialisëes. [20] **4-1-Distribuição**

Os óleos essenciais estão amplamente distribuídos por todo o mundo vëgëtal. Encontram-se em quantidades apreciáveis em cerca de 2.000 espécies divididas em 60 famílias. A título de exemplo, citaremos algumas delas:

- Asteraceae (artemísia, camomila, dente-de-leão)
- Lamiaceae (manjericão, alfazema, hortelã, patchouli, romani, tomilho)
- Lauraceae (cânfora, canela, louro)
- Myrtaceae (eucalipto, cravinho)
- Apiaceae ^дë^^, cenouras, cerefólio, salsa...)
- Abietaceae (ëркёя, pinheiro, abeto.)[20]

4-2-Localização

Estas essências podem ser encontradas em todas as partes vivas da planta, tais comc :

- Os topos floridos do manjericão, da alfazema ou da hortelã.
- Rizomas de gengibre ou de cinchona.
- Raízes de vetiver.
- Sementes de noz-moscada.
- O fruto do anis, do funcho ou da laranja.
- As flores da rosa.
- Folhas de eucalipto, louro ou patchouli.
- A casca da árvore da canela.
- Cânfora ou sândalo.

Estão frequentemente mais concentrados nos ramos, nas flores e nas sementes. Na mesma planta, estes óleos podem existir em diferentes órgãos ao mesmo tempo. A composição química pode variar de um órgão para outro. No caso do limoeiro, por exemplo, a flor e o fruto fornecem essências com composições químicas diferentes. [20]

4-3-Formação

Os óleos essenciais, produzidos pelas plantas superiores, são elaborados por grandes secreções que se encontram em quase todas as partes da planta (caules, folhas, flores, etc.). São sëcrëtëes dentro do citoplasma de certas células onde se assemelham a pequenas gotículas como a maioria das substâncias lipofílicas. [20]

São depois armazenados em cavidades resultantes da fusão de várias células.

A síntese e a acumulação de óleos essenciais são acompanhadas por estruturas histológicas especiais que diferem e variam consoante a família botânica. Os exemplos incluem :

- Os pêlos secretores externos das Lamiaceae estão localizados na epiderme inferior das folhas.
- Os pêlos secretores internos das Myrtaceae encontram-se em vários órgãos vegetais e rizomas.
- Bolsas secretoras de Myrtaceae ou Rutaceae.
- Células secretoras isoladas das Lauraceae.
- Os canais secretores de Apiaceae e Conifëres.
- Células secretoras modificadas em sacos ou tubos oleosos.

Estes reservatórios de petróleo formam-se quer por esquizogonia (divisão e separação) quer por lisogenia (fragmentação e desintegração).

As células secretoras estão frequentemente localizadas na planta ou perto dela, o que facilita a sua emissão.

Quando a temperatura é suficientemente elevada, as essências atravessam a parede celular e a cutícula sob a forma de vapor para o exterior, libertando a fragrância das flores. [16]

5-Papel dos óleos essenciais nas plantas

Os óleos essenciais emitidos pelas plantas sob a forma de vapor têm múltiplas funções na natureza.

Atualmente, é muitas vezes difícil especificá-los em todos os casos. No entanto, parece provável que tenham um papel ecológico.

Experimentalmente, verificou-se que estão envolvidos nas interacções planta-animal. Constituem, portanto, um meio de comunicação (linguagem química).

Algumas espécies atraem os insectos e favorecem a polinização. Outras defendem as plantas contra os predadores (herbívoros, insectos, microrganismos, etc.).

Podem paralisar os músculos mastigatórios dos agressores devido às propriedades tóxicas e inadequadas das substâncias que contêm.

Protegem as culturas, inibindo a multiplicação de bactérias e fungos, bem como a germinação e o crescimento.

Além disso, exalam uma variëtë de sabor e cheiro na atmosfera. É por isso que muitos deles são usados como aromas e condimentos na culinária.

Por último, é de notar que, para as plantas das regiões desérticas, os vapores de óleo saturam o ar à volta da planta, mantendo uma certa humidade que impede que a temperatura suba excessivamente durante o dia e desça durante a noite.

No entanto, a função dos óleos essenciais nas plantas é ainda um fenómeno bastante obscuro.

Os efeitos de atração, repulsão e libertação observados devem-se à complexidade e à variedade estrutural das substâncias presentes na essência. [32]

6-Cimiotaxonomia

Desde há algum tempo, a convergência da química e da botânica deu origem a uma nova disciplina, a "quimiotaxonomia", que está a desenvolver-se de forma espetacular.

Ele também acreditava que havia uma relação definitiva entre a posição sistemática da planta e as substâncias químicas que ela continha. [15]

A quimiotaxonomia pode, portanto, ser definida como uma ferramenta à disposição do botânico para diferenciar espécies, subespécies e hidrácidos com a mesma morfologia; estes são quimiotipos e a quimiotaxonomia baseia-se numa análise que fornece as quantidades dos diferentes constituintes de um óleo essencial durante o seu ciclo biológico.

A essência representa, de certa forma, a "personalidade" de uma planta que, como ser vivo, é única e não pode ser reproduzida, traz em si a marca da planta de onde provém e, se for pura e extraída de forma correcta e respeitosa, é extremamente poderosa. [15]

Por quimiotipo entende-se o tipo químico de uma planta classificado de acordo com o constituinte maioritário dos seus óleos essenciais. O quimiotipo misto ou intermédio refere-se ao tipo químico de uma planta classificado de acordo com dois ou mais constituintes maioritários de preponderância semelhante. Dois investigadores trabalharam em duas amostras de calêndula e verificaram que uma das duas essências era de um quimiotipo (Pulegone - chin - isomenthone), enquanto a outra amostra tinha um quimiotipo diferente (earvone - 1,8 cineole_limonene). Uma vez que cada tipo de quimiotipo tem o seu próprio perfil químico, as aplicações terapêuticas resultantes são obviamente diferentes. [15]

7- Métodos de extração de óleos essenciais

As essências são as coisas mais preciosas que as plantas produzem. Desde tempos imemoriais, as pessoas têm tentado encontrar formas de extrair essências de plantas para que possam ser utilizadas no fabrico de medicamentos, cosméticos e perfumes.

Assim, após a colheita, e consoante a parte da planta a extrair (planta inteira, pétalas de flores, flores, folhas, raízes ou frutos), o processo de extração utilizado é diferente e, consequentemente, a composição do extrato é diferente.

O que introduz esta diversidade é, em primeiro lugar, a variedade das matérias-primas e, em segundo lugar, a sensibilidade considerável de certos perfumes, que apenas requerem a utilização de meios suaves sem a intervenção de agentes químicos demasiado energéticos. [1]

A escolha do tipo de extração deve permitir :

- Retirar das plantas as espécies aromáticas com maior rendimento.
- Preservar as fragrâncias mais delicadas o mais intactas possível.

Por conseguinte, o método utilizado para obter óleos essenciais desempenha um papel decisivo no rendimento e na composição do óleo.

Entre os vários processos de extração, destacamos os seguintes:

7-1-Técnica de pressão

Talvez este seja o método mais antigo, pois os egípcios utilizavam a pressão com um saco para extrair a essência das pétalas das flores. Este método consistia em esmagar as partes perfumadas de uma planta acabada de cortar e, em seguida, envolvê-las num saco de linho que era torcido com dois paus enfiados em duas argolas na extremidade do saco. A essência filtrava-se através do pano e era recolhida num recipiente por baixo. [7]

Os óleos essenciais de hesperídeos ou citrinos, como os limões, bergamotas, laranjas, etc., são extremamente importantes na indústria de perfumes e cosméticos, bem como na aromaterapia. O óleo essencial está contido nos sacos oleifëres da casca do fruto (pericarpo ou flavedo do fruto), ainda designados por zest. Estas essências são produtos muito frágeis devido à sua natureza terpénica e aldëdica. Por isso, todos os processos utilizados para as obter são processos a frio, geralmente designados por "processos de expressão a frio".

Para o efeito, são utilizadas máquinas para extrair o óleo essencial, criando zonas de compressão e depressão suficientes na casca para que o óleo vegetal seja libertado. [1]

7-2-Extração com solventes

7-2-1-Extração com solventes voláteis

Quanto à extração com solventes voláteis, esta tem a desvantagem de dificultar a recuperação dos óleos essenciais, mas, por outro lado, tem a vantagem de poder tratar plantas com uma percentagem infinitesimal de princípios odoríferos.

Este método de produção, que conduz a concretos e absolutos, deve ser evitado para os óleos essenciais destinados a uma utilização terapêutica. Esta técnica é atualmente utilizada em todo o mundo, quer para obter produtos que não podem ser extraídos por qualquer outro processo, quer para obter rendimentos muito mais elevados.

Os solventes mais utilizados, sujeitos a legislações restritivas específicas, são os hidrocarbonetos alifáticos: éter de petróleo, hexano, mas também propano e butano líquido (sob pressão). Embora o benzeno seja um bom solvente, a sua toxicidade está a limitar cada vez mais a sua utilização. Utilizamos também solventes halogenados (cloro e derivados fluorescentes do metano e do etano) e etanol, sendo este último utilizado principalmente para obter absolutos e resinóides lávicos. Após a extração? O solvente é destilado. No final do processo, o solvente que impregnou a massa vegetal é recuperado por injeção de vapor. A escolha do solvente é influenciada por parâmetros técnicos e económicos: seletividade (poder do solvente em relação aos constituintes odoríferos), estabilidade, inércia química, temperatura de ebulição não demasiado elevada para permitir a eliminação total, não demasiado baixa para evitar perdas e, por conseguinte, custos mais elevados; segurança de manipulação. [1]

A primeira fase do processo consiste em digerir as flores num recipiente chamado "digestor". A solução é depois destilada, para recuperar o solvente e a essência, que nesta fase é conhecida como essência concreta.

Este produto contém vestígios de matérias estranhas e deve ser tratado com álcool puro, embora este não dissolva todas as impurezas. Para as eliminar, o álcool deve ser aquecido a uma temperatura elevada para concentrar os resíduos. É nesta altura que a solução é designada por extrato. Após uma nova destilação, torna-se finalmente numa essência conhecida como absoluto.

A principal desvantagem da extração por solventes é a sua falta de seletividade, o que significa que muitas substâncias lipofílicas podem ser encontradas nos concretos (óleos fixos, fosfolípidos, carotenóides, certas cumarinas) e requerem uma purificação adicional, necessitando assim de procedimentos de conservação laboriosos para obter um produto de pureza absoluta. Outro inconveniente reside na toxicidade dos solventes: regras restritivas de utilização, problemas de resíduos no produto final. [7]

7-2-2-Depleção com solventes fixos

A- Effleurage ou extração de gordura a frio

Consiste em tornar os princípios odoríferos solúveis em substâncias gordas.

Este método era muito utilizado na antiga Pérsia para produzir pomada de rosas, bem como no Egipto. Uma camada de gordura animal era espalhada em grelhas e polvilhada com pétalas das flores mais delicadas. À medida que as flores murchavam, impregnavam a gordura com o seu perfume, e eram constantemente reabastecidas com flores frescas até a gordura ficar saturada de perfume. Os egípcios enchiam um cone com gordura perfumada e dobravam-no sobre a cabeça: com o calor do corpo, a gordura derretia-se gradualmente, libertando a fragrância da essência. [7]

Atualmente, esta técnica é pouco utilizada devido ao seu elevado custo e está reservada a certas flores extremamente delicadas, como o jasmim, a tuberosa e a flor de laranjeira. A substância assim obtida tem uma concentração muito elevada e é depois diluída e tratada com outros solventes que dissolvem a matéria gorda. [1]

8- Extração por maceração em gordura quente

A técnica conhecida como "digestão" é efectuada a quente, mergulhando os órgãos vegetais na gordura derretida. O produto resultante é uma pomada floral.

A lavagem da pomada com álcool forte produz um extrato alcoólico. O álcool é eliminado, como no caso do enfleurage, por concentração sob vácuo a baixa temperatura. Obtém-se assim uma "maceração absoluta". [1]

7-3-Destilação

A destilação é adequada para óleos com uma elevada componente volátil e baseia-se na caraterística de estes componentes poderem ser facilmente transportados por partículas de vapor de água em movimento. A destilação continua a ser o método mais utilizado para a obtenção de compostos aromáticos porque produz substâncias voláteis que podem ser facilmente analisadas por cromatografia gasosa e requer uma tecnologia relativamente simples, o que significa custos mais baixos e uma reprodutibilidade facilmente controlável.

A maior parte dos óleos essenciais são obtidos por destilação, com exceção dos óleos essenciais de hesperídeos (limão, laranja, etc.) e do óleo de cade. [16]

O vapor penetra nos tecidos das plantas e vaporiza todas as substâncias voláteis; uma quantidade suficiente de vapor permite isolar as essências vegetais. Existem três métodos principais de destilação:

7- 3-1-Hidrodestilação

Este método consiste na imersão direta do material vegetal a tratar (intacto ou eventualmente triturado [turbodestilação]) num alambique cheio de água destilada, que é depois levada à ebulição. Os vapores heterogéneos são condensados sobre uma superfície fria e o óleo essencial separa-se por diferença de densidade. [1]

Figura 03: Instalação de hidrodestilação (Clevenger). [13]

7-3-2-Destilação a vapor (ou destilação vapo-hidro):

Neste caso, o material vegetal é suportado por uma grelha ou placa perfurada colocada a uma distância adequada do fundo do alambique. A parte inferior do alambique é enchida com água. O nível da água deve ser tal que evite qualquer contacto entre a água e a planta. [16]

As partículas de vapor de água, deslocando-se para cima, rompem as células que contêm a gasolina e levam consigo as moléculas odoríferas. O vapor passa então por um recipiente refrigerado onde a temperatura desce, fazendo com que as moléculas de óleo se separem das partículas de vapor, que se condensam em água. O óleo e a água separam-se devido aos seus pesos específicos diferentes: o óleo flutua na água porque é mais leve.

O destilado, que contém os componentes solúveis em água da essência (água aromática), é vertido através de uma torneira para obter o óleo essencial puro.

Por vezes, os óleos obtidos são submetidos a uma destilação suplementar, denominada retificação, para eliminar certas substâncias particularmente irritantes, como é o caso do tomilho, ou são redestilados a diferentes temperaturas para obter constituintes como a cânfora branca.

Note-se que é possível trabalhar a uma sobrepressão moderada, a fim de encurtar o tempo de tratamento, limitar a alteração dos constituintes do óleo essencial e poupar energia.

A destilação tem um efeito significativo nas características dos óleos essenciais, e as reacções de hidrólise estão entre as mais importantes. É por esta razão que os óleos extraídos em pequenas quantidades no laboratório são qualitativa e quantitativamente diferentes dos obtidos industrialmente. [1]

7- 3-3-Destilação direta a vapor: "gerador separado" ou "destilação a vapor

Este método é semelhante ao descrito anteriormente, exceto que, desta vez, não existe água no fundo do alambique. O vapor saturado ou sobreaquecido, a uma pressão geralmente superior à pressão atmosférica, é introduzido no fundo do alambique por um sistema de tubagens e atravessa a massa da instalação de baixo para cima. O vapor provém de uma caldeira independente.

Os óleos essenciais obtidos por destilação nunca representam exatamente o aroma e a fragrância naturalmente presentes na planta.

A extração, a segunda técnica de obtenção de extractos aromáticos, pode resolver alguns dos problemas associados à destilação. [16]

7-4- Extração com CO_2 supercrítico

A originalidade desta técnica reside no solvente utilizado. Trata-se do CO_2 supercrítico. $_2$No estado supercrítico, o CO não é nem líquido nem gasoso, o que lhe confere um bom poder de extração que pode ser regulado à vontade, ajustando a temperatura a que é utilizado. $_2$Os fluidos supercríticos, como o CO, são bons solventes no estado supercrítico e maus solventes no estado gasoso. As vantagens deste processo são as seguintes:

- o CO_2 é quimicamente inerte, natural, não tóxico e barato, e é utilizado a baixas temperaturas.
- A separação entre o solvente e o extrato é fácil (simples dëtente que гатёпе o CO_2 a ГёШ gasoso), quase completamente e a baixo custo.
- Os custos de funcionamento, à escala do laboratório piloto, são reduzidos (o CO_2 é continuamente reciclado).

A extração com CO_2 supercrítico é uma técnica interessante que traz novas notas olfactivas, mas a sua instalação continua a ser dispendiosa e o equipamento ainda é invasivo. [21]

8-As diferentes técnicas de análise dos óleos essenciais

Podem ser utilizadas várias técnicas para identificar e caraterizar os compostos dos óleos essenciais:

8-1- Técnicas cromatográficas

- Técnicas de separação e de quantificação
- Separação entre duas fases: Interação entre o soluto e um meio estacionário.

8-1- 1- Cromatografia em camada fina (TLC)

Trata-se de um método bastante antigo (mais de 50 anos), pouco eficaz, mas que continua a ser muito utilizado devido a :

- Um equipamento pouco sofisticado
- Custo de propriedade muito baixo

Processamento rápido de um grande número de amostras (para análises de rotina). [21]

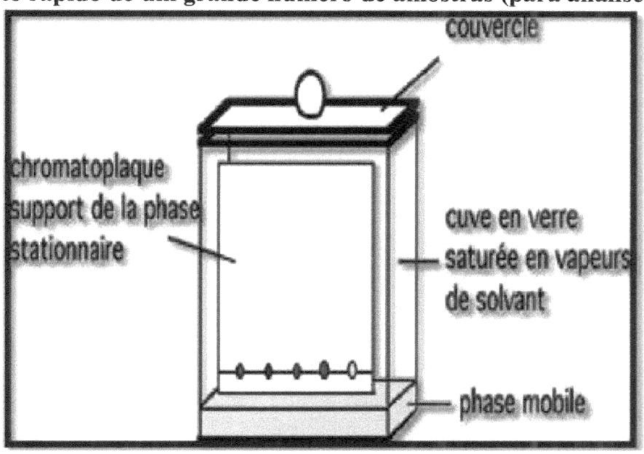

Figura 04: Cromatografia em camada fina (TLC) [21].

8-1-2 - Cromatografia em fase gasosa (GC)

- Sëparação de misturas gasosas como resultado de equilíbrios entre uma fase gasosa móvel e uma fase estacionária que pode ser líquida (cromatografia de partição - GLC) ou sólida (cromatografia de adsorção - GSC).

Moléculas naturalmente voláteis, mas também moléculas que, através de reacções de desvitalização, se tornam voláteis a temperaturas que não provocam a sua decomposição.· [7]

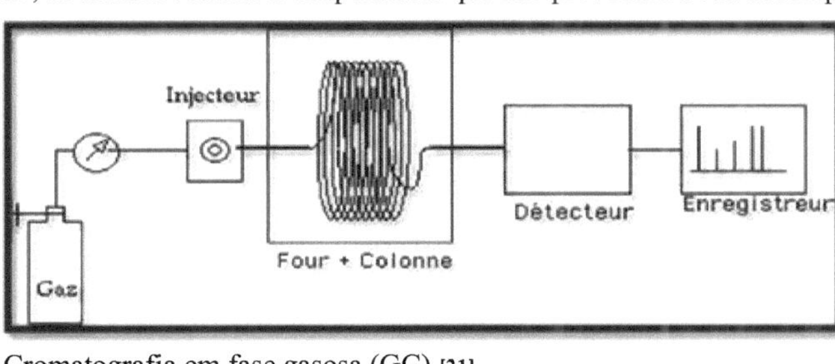

Figura 05: Cromatografia em fase gasosa (GC) [21].

8-1- 3- Cromatografia líquida (LC - HPLC)

Os domínios de aplicação são muito variados:

- Separação de iões minerais,
- Pequenas moléculas orgânicas
- Macromoléculas (proteínas, polinucleótidos, polímeros orgânicos).
- Para cada categoria de substância existe um ou mais modos cromatográficos adequados.

Cabe-lhe a si decidir qual deles é o mais adequado para o trabalho que pretende efetuar. [7]

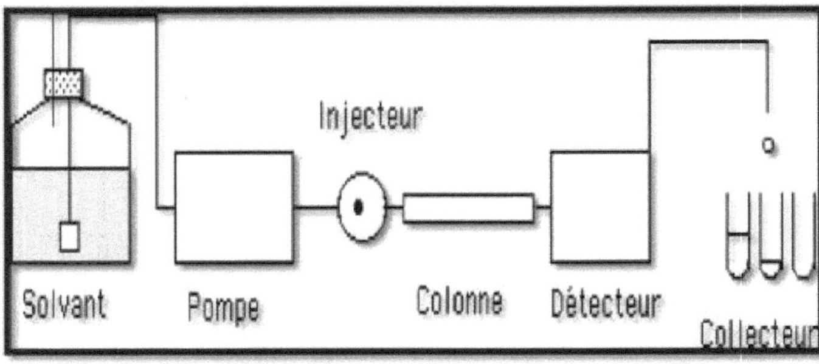

Figura 06: Cromatografia líquida (LC - HPLC) [21]

8-2- Técnicas espectrométricas

Técnicas de análise estrutural e quantitativa.

8-2-1- Espectrometria de massa

Análise da natureza, composição e estrutura da substância. Análise de vácuo poussë 10-4 Pascal. [21]

9- Conservação de óleos essenciais

As essências naturais devem ser conservadas da mesma forma que as plantas que as contêm, em recipientes bem fechados e ao abrigo da luz. Oxidam-se rapidamente à luz e ao ar, polimerizam-se e transformam-se em resinas, perdendo o seu odor e características. [21]

10- Utilização de óleos essenciais

As utilizações mais comuns dos óleos essenciais são as seguintes

- Auto-medicação para conforto, calma e relaxamento (banho, massagem, cosméticos)
- Um dos componentes da medicina tradicional e da naturopatia[3].
- Utilização de aromas em psicologia.

10-1-Medicina

- Desinfeção e cicatrização de feridas ou tratamento de traumatismos
- Complemento de um tratamento médico crónico.
- Dermatologia e cosmética dermatológica
- Mas também a escolha terapêutica efectuada por um terapeuta de aromaterapia qualificado - médico, farmacêutico ou naturopata. [3]

10-2-Na indústria

- Perfumaria.
- Cosmetologia.

10-3-Fonte de alimentação

- Os óleos essenciais são amplamente utilizados para aromatizar alimentos (sumos de fruta, pastelaria, especialmente hidrolatos de plantas aromáticas) [3].

11-Exemplos de óleos essenciais

11-1-Artemisia herba alba óleo essencial

O óleo é obtido a partir dos topos floridos ou das folhas. O óleo essencial é composto principalmente por terpenos, mas também pode conter entre 30 e 60% de cëtones. Do ponto de vista molecular, é composto por cham azulene, cânfora, isothujone e limonene.

Este óleo possui excelentes propriedades anti-alérgicas, anti-inflamatórias, anti-histamínicas e parassimpaticolíticas. As suas propriedades coleréticas, mucolíticas e anticatarrais são menos boas. Este óleo essencial é adequado para quem sofre de bronquite asmática ou catarral ou de asma. O mesmo se aplica à febre dos fenos, à dermatite, ao eczema alérgico e à urticária.

A sua ação nas pessoas que sofrem de insuficiência biliar não será tão boa como nos casos anteriores, mas não será menos notável. De notar, no entanto, que este óleo não é recomendado para principiantes, pois é muito potente. É também neurotóxico e abortivo, pelo que não deve ser utilizado em crianças nem em mulheres grávidas ou a amamentar. [45]

11-2-Óleo essencial de *Thymus vulgarus*

Das folhas de tomilho pode extrair-se um óleo essencial cujas propriedades são utilizadas em fitoterapia, nomeadamente as suas propriedades anti-sépticas, que são utilizadas principalmente nos pulmões e no aparelho digestivo. Estas propriedades devem-se à presença de linalol no óleo essencial de tomilho. O linalol é um fenol que também se encontra nos óleos essenciais de várias outras plantas com um odor caraterístico. É este fenol que pode causar intoxicação quando consumido em quantidades excessivas.

Apesar de esta planta não ser tóxica, é necessário tomar precauções: o tomilho pode ser perigoso se for utilizado na dose errada. Para além disso, a poluição e a forma como é colhido podem causar graves danos às virtudes da planta e à própria planta. O óleo essencial de tomilho não pode ser utilizado puro, deve ser sempre diluído. [46]

Capítulo 3: Fitoterapia

1- História :

Desde o início, o homem tem cЬercЬё para aliviar as suas doenças e reduzir o seu sofrimento. Para isso, ele tem produtos ийНзё imediatamente à sua portae. O reino vëgëtal, que lhe fornecia a maior parte da sua alimentação, foi o seu primeiro campo de expëriências. Pouco a pouco, aprendeu a discernir as propriedades, as virtudes e a toxicidade das plantas. Todas as civilizações antigas - mesopotâmica, egípcia, chinesa, indiana e pré-colombiana - dispunham de uma impressionante variedade de remédios vegetais. Assim, ao longo do tempo, foi-se construindo uma farmacopéia relativamente bem desenvolvida [21].

Durante milhares de anos, a utilização prática foi a única via para o progresso terapêutico, e todos os conhecimentos adquiridos ao longo dos séculos, sem uma verdadeira abordagem te'onque ou compreensão do funcionamento das plantas, constituem os dados empíricos da tradição. [19]

A utilização quotidiana das plantas levou à observação de um grande número de efeitos que a ciência atual reconhece como muito reais. Por exemplo, as propriedades calmantes do ópio da papoila eram conhecidas 4 000 anos antes de se saber extrair a morfina, que continua a ser um dos principais analgésicos utilizados na investigação sobre o cancro. Todos estes conhecimentos, que durante muito tempo permaneceram empíricos e que se tornaram mais rigorosos com os progressos da ciência moderna [21], testemunham a perenidade da fitoterapia.

Desta forma, a medicina vegetal é rica em ensinamentos, graças à riqueza inesgotável de observações acumuladas século após século. Além disso, as grandes empresas farmacêuticas não se enganaram. Na sua busca da nova molécula, as suas pesquisas foram orientadas para substâncias vëgëtais ou outros produtos utilizados pela [19] medicina tradicional.

A verdadeira investigação clínica é possível há mais de vinte anos, graças aos numerosos estudos efectuados pela Sociëtë Frangaise de Phytotherapie et d'Aromatherapie. Culminou numa nova abordagem das plantas medicinais, que se esforça por redefinir a sua utilização medicinal numa visão sintética baseada em dados tradicionais e conhecimentos farmacológicos modernos.

Os desenvolvimentos recentes em fitoterapia clínica permitem, portanto, prever três níveis de abordagem na utilização das plantas medicinais: um nível empírico, um nível farmacológico e um nível clínico. [21]

2- Geral

As medicações tradicionais e a utilização de plantas na medicina empírica estiveram muitas vezes na origem de investigações científicas de alto nível. Na maioria dos casos, esta investigação conduziu à descoberta de substâncias originais com um interesse terapêutico considerável. Estas moléculas isoladas, purificadas e depois utilizadas pela medicina convencional, estão à disposição da farmácia industrial; mas as plantas foram e são utilizadas com sucesso na fitoterapia e na aromaterapia sob diversas formas. Estes medicamentos são cada vez mais populares entre o público e os médicos. As plantas curam ou ajudam a curar, por vezes muito rapidamente, não só a fadiga, a insónia, as dores de cabeça, a gripe, a tosse, o reumatismo e as constipações, mas também muitas outras doenças. [44]

3-Definição

Fitoterapia, do grego **Phuton** que significa planta e **Therapeia** que significa tratamento, significa tratamento com plantas.

A fitoterapia é o conjunto dos tratamentos terapêuticos que implicam a utilização direta de medicamentos de origem vegetal. Os materiais vegetais podem ser utilizados na sua forma mais simples (infusões simples ou compostas) ou sob a forma de preparações galénicas (tinturas, extractos).

A fitoterapia representa uma parte da terapêutica medicinal, que conhece atualmente um verdadeiro renascimento, tanto no domínio das doenças internas como na dermatologia e na cosmetologia (sabonetes, desodorizantes, pós, etc.), bem como nos banhos e na terapia auricular (banhos, compressas). [21]

A fitoterapia é uma prática milenar baseada em conhecimentos empíricos que foram transmitidos e enriquecidos ao longo de inúmeras gerações. A fitoterapia, etimologicamente tratamento pelas plantas, é um método terapêutico que utiliza a ação das plantas medicinais.

Existem dois tipos de fitoterapia:

- Uma prática tradicional, por vezes muito antiga, baseada na utilização de plantas cujas virtudes foram descobertas empiricamente. Segundo a OMS, a fitoterapia é considerada uma medicina tradicional e continua a ser muito utilizada em alguns países.

incluindo os países em desenvolvimento. Trata-se de uma medicina não convencional devido à ausência de estudos clínicos. [38]

- Uma prática baseada nos progressos científicos que procura extractos activos de plantas. Os extractos activos identificados são normalizados.

Esta prática dá origem a fitofármacos e, consoante a regulamentação em vigor no país, a circulação de fitofármacos está sujeita a uma autorização de introdução no mercado (AIM). É o que se designa por farmacognosia ou biologia farmacêutica. [38] A fitoterapia é a arte e a ciência da medicina que utiliza plantas e é um dos métodos terapêuticos mais antigos.

Desde a Antiguidade, as plantas são utilizadas para tratar doenças (sob a forma de pó, extrato, tintura, infusão ou decocção...), ou para tratar doenças (através das suas sementes, raízes, folhas, frutos, etc.). [30]

4-O objetivo da fitoterapia

O objetivo da fitoterapia é o mesmo que o de qualquer prática curativa, que é o de restabelecer um estado de saúde deficiente. A vantagem da fitoterapia é que permite ao médico estabelecer uma estratégia terapêutica baseada nas possibilidades oferecidas pela planta e no objetivo definido pelo médico. [5]

5-Os princípios da fitoterapia

A fitoterapia baseia-se em dois princípios:

[ere]Princípio 5-1-1

É preferível utilizar a totalidade da planta em vez de um dos seus princípios activos isolados. O total é definido como o conjunto mais completo de todas as moléculas activas da planta, sendo o total um conjunto ordenado de substâncias produzidas pelo metabolismo da planta. [27]

[eme]5-2-2 princípio :

Introduzir um tratamento reativo em vez de sintomático, porque o tratamento reativo não substitui o organismo na sua luta contra a doença, mas estimula as reacções normais de defesa que permitem ao organismo regressar a um estado de boa saúde. [27]

6-Ramo da fitoterapia

Existem muitas práticas fitoterapêuticas:

6-1-Aromaterapia

Esta terapia utiliza apenas os óleos essenciais de plantas aromáticas, como o tomilho e o mentol; por vezes tóxicas, estas substâncias devem ser utilizadas [24] com cuidado e nas doses prescritas.

6-2 -Gemoterapia

Este método faz parte da homeopatia. Utiliza extractos alcoólicos e glicerinados de tecidos vegetais jovens (rebentos, botões, etc.). [24]

6-3-Fitoterapia chinesa

Pertence ao grupo das "medicinas tradicionais chinesas". Tal como a acupunctura. O seu objetivo é equilibrar as energias do organismo ou modificar o circuito. [24] **6-4- Fitoterapia farmacêutica**

Utiliza produtos de origem vegetal obtidos por extração e diluídos em álcool etílico ou noutro solvente. A dosagem destes extractos depende da sua ação no organismo.

Estes produtos podem ser utilizados para preparar medicamentos comparáveis aos de qualquer outra especialidade farmacêutica (xaropes, gotas, cápsulas). [24]

7- Aromaterapia

7-1- História

Na história da medicina, pelo menos até ao século XVI, a história da aromaterapia é largamente confundida com a da piytotierapia. As plantas, no seu conjunto, constituíam a base da piarmacopeia das civilizações antigas. Embora existam vestígios de métodos de destilação ou de extração que remontam a vários milénios na China e na Índia, foi no Egipto que a sua utilização foi descoberta pela primeira vez.

Na Grécia, os escritos de Dioscórides referem a utilização de extractos aromáticos. Os romanos também os utilizavam sob a forma de unguentos oleosos. No século X, atribui-se ao alquimista árabe Jabir Ibn Hayyan a invenção do alambique. Os métodos de extração foram posteriormente melhorados, sendo utilizados pelas farmacopeias principalmente a partir do século XVI. Só no século XIX é que os princípios activos das moléculas odoríferas começaram a ser isolados e classificados, o que permitiu a sua utilização específica. [21]

Na década de 1920, o químico René Maurice Gattefossë, que estava a investigar a perfumaria, queimou gravemente as mãos. Mergulhou-as num recipiente com óleo essencial de lavanda e ficou imediatamente aliviado, tendo depois notado uma rápida cicatrização das suas queimaduras.

A partir daí, dedicou a sua investigação às propriedades dos óleos essenciais. Criou o termo aromaterapia, que se tornou numa palavra comum. Nos anos 60, o Dr. Jean Valnet retomou o trabalho de Gattefosse e publicou obras de referência. São considerados os pais da aromaterapia moderna. Posteriormente, Pierre Franchomme contribuiu para melhorar a qualidade dos extractos utilizados, com o conceito de quimiotipo. (Encyclopedie Collaborative En Ligne, Universelle et Multilingue).

No final do século XX, a aromaterapia, tal como a farmacognosia no seu conjunto, beneficiou dos progressos dos métodos analíticos, nomeadamente da cromatografia. A distinção precisa dos compostos aromáticos permitiu à medicina compreender melhor os seus mecanismos de ação e aperfeiçoar a sua prescrição.

No futuro, é provável que a investigação de novas moléculas activas envolva [19] a utilização de extractos de plantas aromáticas.

Paralelamente a estes progressos científicos, a aromaterapia tradicional continua a fazer parte da medicina não convencional ou é utilizada como complemento de um tratamento. Continua a ser muito popular entre o público em geral.

Fora do Ocidente, a aromaterapia e a fitoterapia continuam a desempenhar um papel importante na medicina tradicional. [21]

7- 2- Definição

O nascimento da aromaterapia moderna deve-se ao químico René Maurice Gattefosse nos anos 20. A aromaterapia é uma terapia que utiliza óleos aromáticos.

[21] das chamadas plantas "aromáticas".

A Aromaterapia é o tratamento de doenças utilizando aromas de plantas, ou seja, essências aromáticas conhecidas na linguagem médica como óleos essenciais.

É uma prática complementar da fitoterapia baseada nos óleos essenciais e nos óleos concentrados, destinada a reequilibrar física e psicologicamente o indivíduo. [**7-3- Biossíntese aromática**

O Sol é a fonte de energia para a vida na Terra. Sem a energia da radiação solar, nenhuma forma de vida poderia existir na Terra. Os seres que formaram o primeiro elo da cadeia da vida há 3,5 mil milhões de anos (cianobactérias e algas azuis-verdes). Eles foram buscar os seus recursos aos elementos constitutivos do seu universo: o fogo (energia-luz), as algas (energia-água) e a água (energia-água).

radiação solar), ar (oxigénio e dióxido de carbono), terra (minerais e oligoelementos), água (substâncias em solução).

Os compostos aromáticos das plantas (essências, bálsamos) são subprodutos da fotossíntese, produzidos em células secretoras especializadas localizadas nas flores, nos frutos, nos corços, nas folhas de madeira e nas raízes....

Estes vëgëtaux qualificados como aromáticos, são utilizados para obter óleos essenciais por destilação a vapor das várias partes do vëgëtal. [17]

7- 4- Substâncias aromáticas

Aqui agrupamos um certo número de substâncias frequentemente encontradas nas drogas vegetais, que muitas vezes variam muito em termos de composição e ação. Podem acompanhar outras substâncias activas da planta, e este grupo inclui os glucósidos fenólicos [21] e os derivados do fenilpropano, como as cumarinas.

7-5- Renovação da aromaterapia

Ao longo da história, os medicamentos tradicionais baseados em substâncias naturais sempre se revelaram eficazes.

A fitoaromaterapia é a terapia mais antiga do mundo. Sempre existiu, uma vez que as plantas nunca deixaram de ser utilizadas como condimentos, medicamentos e plantas rituais.

Ao contrário dos medicamentos obtidos por síntese química ou por extração de princípios activos, a fito-aromaterapia é a medicina natural por excelência. A estrutura de um óleo essencial é complexa e nunca possui apenas uma propriedade terapêutica, mas várias. Por conseguinte, existem possibilidades de sinergia e de potenciação que permitem adaptar a terapia às necessidades individuais.

Mas a sua principal caraterística reside no facto de ser uma medicina de campo que visa restaurar o equilíbrio de um organismo como um todo.

Não se trata de opor "tudo químico" a "tudo natural". As substâncias químicas sintéticas

produziram resultados excepcionais que todos reconhecem. Estes sucessos brilhantes levaram a que as plantas medicinais fossem esquecidas durante muitos anos.
Os óleos essenciais, que têm muitas vezes uma composição química complexa, são medicamentos poderosos e reactivos com uma riqueza de propriedades terapêuticas que auguram um bom futuro [44].

A aromaterapia está a ganhar terreno no mundo da medicina, da cosmética, da agro-alimentação e da veterinária. Investigadores científicos confirmados de todo o mundo estão determinados a dar o devido valor a esta disciplina, desenvolvendo grandes esforços em vários domínios da investigação fundamental e aplicada. [44]

Partie 02 :

Partie expérimentale

2 parte

Parte prática

Capítulo 1: Materiais e métodos

1-Materiais

1-1- Equipamento

- Agitador magnético regulado
- Banho-maria
- Banda magnética
- Candeeiro de madeira
- A alta
- Hidrodestilador

1-2-Ferramentas e objectos de vidro

- Manilha de platina
- Copos de 200-1000 ml
- Funil
- Cotonetes
- Discos esterilizados
- Para-filme
- Folha de alumínio
- Papel higiénico
- Alicates
- Pipeta

1-3- Produtos

- Ágar-ágar
- Acetato de etilo
- Água destilada
- Autoclave
- Balança de precisão
- Queimador de Bunsen
- Vortex
- Estufa regulada a 37° C
- Câmaras digitais
- Tubo de ensaio
- Placas de Petri de plástico esterilizadas
- Garrafas de vidro
- Pontas esterilizadas
- Micropipeta
- Tecido
- Caneta marcadora
- Papel mata-borrão
- Espátula
- Vice-tubos
- Lixívia (anti-sético)
- Água fisiológica esterilizada
- Etanol
- Hexano
- Óleos comerciais: Tomilho e artemísia

- Óleos essenciais de duas espécies: *Thymus vulgarus* e *Artimisia herba alba*
- Sabouraud Dextrose AGAR
- Caldo Mueller-Hinton.

1-4-Equipamento biológico

1-4-1-Yeasts

- EspeceOl: ***Candida zeylano'ides***
- Espécie 02: ***Candida parapsilosis***
- Espécie 03: ***Candida albicans***
- As 03 espécies são isoladas do mel (institut national de science mëdicale. Universite B Elaji Mokhtar (Annaba).
- **1-4-2-Molde**
- *Aspergillus sp* (criação petrificada) isolado de uma larva de abelha numa colmeia de willaya em El-Taref

2-Métodos

Este estudo, realizado no laboratório de microbiologia da Universidade Mohamed Cherif Messaadia de Souk-Ahras, tem por objetivo identificar os efeitos dos óleos essenciais em 4 espécies de fungos.

2-1-Ambientes de crescimento :

2-1-1-Middle Sabouraud :

Naturalmente ácida, inibe o crescimento de muitas bactérias. A gelose de Sabouraud é um meio clássico para a cultura, o isolamento e a identificação de leveduras e bolores saprófitas ou patogénicos. É principalmente recomendado para o isolamento de bolores em amostras com baixa carga bacteriana e para testes de esterilidade de produtos farmacêuticos, cosméticos ou alimentares.

No caso de amostras muito contaminadas, é preferível utilizar gelose de Sabouraud + cloranfenicol. [51]

***J* Preparação do ambiente**

Para preparar este ambiente, siga os passos abaixo:

- Colocar 1000 ml de água destilada num Bucher com uma vareta de agitação.
- Pesar 61,4 g de Sabouraud Dextrose AGAR com uma balança de precisão e colocar essa quantidade no balde anterior;
- Agitar a mistura com um agitador magnético normalizado para obter uma mistura homogénea;
- Utilize um funil para verter a mistura em garrafas de vidro;
- Esterilizar o meio numa autoclave a 120°C durante 20 minutos.

2-1-2- Meio-campo Mueller-Hinton

Meio base não seletivo para cultura bacteriana (antibiograma), é um meio relativamente rico, mas continua a ser um meio base que permite a cultura de bactérias não exigentes.

A gelose de Mueller Hinton é um meio sólido utilizado para testes de suscetibilidade a antibióticos de bactérias patogénicas. Este meio é utilizado por rotina para testes de sensibilidade. [51]

***J* Preparação do ambiente**

Para preparar este meio, siga os passos abaixo:

- Introduzir 21 g de Caldo Mueller-Hinton com 1000 ml de água destilada num copo com uma vareta de agitação;
- Adicionar 20 g de ágar-ágar para solidificar o meio;
- Agitar a mistura com um agitador magnético normalizado até se obter uma mistura homogénea;
- Utilize um funil para verter a mistura em garrafas de vidro;
- O meio é esterilizado numa autoclave controlada a 120°C durante 20 minutos.

2-2 - Análise quantitativa e qualitativa de óleos essenciais

2-2-1- Análise quantitativa

- Rendimento: o óleo essencial é obtido a partir de 25 g de matéria seca.

A-Matéria seca :

O objetivo desta fase é ver o teor de água destas duas plantas, uma vez que as utilizámos não secas.

- Pesar 5 g de tomilho e 5 g de artemísia
- Colocar num forno a 105°C durante 24 horas.
- Pesar novamente o tomilho e a artemísia e verificar a diferença de peso.

B-Extração de óleos essenciais :

A hidrodestilação e a destilação a vapor são métodos de extração aprovados pela farmacopeia francesa, bem como pela AFNOR (associação francesa de normalização).

No nosso estudo utilizámos o método de extração por steam stripping porque tem várias vantagens, tais como: a rapidez da operação (2h,

30min), obtendo melhores rendimentos e não alterando os óleos essenciais frágeis.

Figura 07: O hidrodestilador (aparelho Lickens Nikerson)
(Universidade Mohamed Cherif Messaadia, 2013)

C- Princípio

A arrastamento de vapor consiste em separar os produtos voláteis contidos nas drogas vëgëtais (***Thymus vulgarus*** da wilaya de Souk-Ahras, ***Artemisia herba*** **alba** da região de **Boukhadra** wilaya de **Tebessa**) que são submetidas ao contacto com o vapor. A água saturada de óleos essenciais passa por uma serpentina onde se condensa, dando origem a dois produtos, a água floral e o óleo essencial à saída (o óleo é separado da água pela sua densidade). **D- Técnica utilizada**

O vëgëtale (as folhas da planta) preparado mais tarde é colocado num balão de 500ml que está cheio com 99ml de água destilada, o balão com o seu conteúdo será colocado no aquecedor de balão. Os OEs são arrastados pelo vapor de água gerado no balão e direccionados para o pescoço de cisne (cotovelo) que liga o balão ao refrigerante (fonte de água).

Uma vez no frigorífico, condensam-se rapidamente e precipitam-se na ampola de decantação, o que permite uma separação imediata segundo a densidade: água floral e óleo essencial, que será recuperado por eliminação da água através da abertura da ampola. Após 2 : 30 horas de extração, o óleo essencial é recolhido num pequeno frasco de vidro hermeticamente fechado, coberto com uma folha de alumínio para o proteger da luz e evitar a oxidação, e conservado no frigorífico.

2-2-2- Análise qualitativa

> Identificar os diferentes componentes dos óleos essenciais

A- Identificação dos diferentes componentes dos óleos essenciais por TLC

Existem vários métodos para identificar os óleos essenciais, incluindo: "Cromatografia de camada fina (TLC): Este é um método para separar os grupos químicos dos óleos essenciais.

8- O princípio

- A cromatografia baseia-se na migração diferencial dos vários componentes e na sua distribuição entre a fase móvel e a fase estacionária. Na cromatografia em camada fina, a fase estacionária é depositada numa película espessa (1 mm-2,5 mm) sobre uma superfície sólida, rígida (vidro) ou flexível (plástico ou alumínio), fácil de cortar.
- A solução da mistura é inicialmente depositada como um ponto na placa e introduzida num recipiente selado que contém o diluente (fase móvel).
- Os constituintes da mistura são separados pela ação capilar da fase móvel ao longo da fase estacionária.
- As substâncias incolores tornar-se-ão visíveis (deteção com um revelador).

C- Procedimento de funcionamento :

As placas cromatográficas de óxido de alumínio são colocadas na estufa a uma temperatura de 105°C durante 15 minutos.

As soluções de óleo essencial diluídas em etanol (adicionar 0,2 ^L de etanol a 0,02 ^L de óleo essencial) são colocadas numa placa cromatográfica de óxido de alumínio para separar os grupos químicos através de uma mancha regular a 1 cm do bordo inferior da placa para cada óleo.

Figura 08: Disposição dos OE (tomilho e artemísia) nas placas de TLC (Universite Mohamed Cherif Messaadia, 2013)

- O solvente é preparado: 96% hexano + 4% acetato de etilo
- A 30 ml de solvente adicionam-se 28,8 ml de hexano e 1,2 ml de acetato de etilo.
- Depois de secar os óleos diluídos, as duas placas são colocadas em dois copos com 15 ml de solvente cada.

Quando o solvente e a substância a cromatografar são colocados acima do nível das fases móveis, as câmaras são fechadas e mantidas a uma temperatura de 20° a 25° C. As duas placas são retiradas logo que o solvente tenha atingido uma distância conhecida e, em seguida, secas ao ar.

Figura 09: Placas de TLC depositadas numa fase móvel (solvente)

(Universidade Mohamed Cherif Messaadia, 2013)

D-Identificação de substâncias separadas

Utiliza-se uma lâmpada de Wood (UV254-365) para revelar as manchas, depois localiza-se cada mancha e calculam-se os rácios frontais.

Figura 10: O candeeiro de madeira
(Universidade Mohamed Cherif Messaadia, 2013)

> **Valor da razão de face em TLC:** A disposição das substâncias na cromatografia é exprrëe mais frequentemente em razões de face (FR) ou altura da razão de face (HRF).

Cálculo da razão frontal: Para determinar as razões frontais dos constituintes dos óleos essenciais, estas manchas foram detectadas pela lâmpada de Wood utilizando raios UV. „"

$$RF = \frac{\text{Distance entre le centre de la tache et le point de départ}}{\text{Distance parcourue par la phase mobile}}$$

$$\frac{\text{Distância entre o centro do ponto e o ponto de partida}}{\text{Distância percorrida pela fase móvel}}$$

Cálculo da altura da relação de faces: A altura da relação de faces é o produto do RF X100.

HRF = RF X 100

2-3-Sementeira e incubação

2-3-1-Semeadura em Sabouraud

As 03 espécies de leveduras: ***Candida zeylano'ides; Candida parapsilosis; Candida albicans*** e o mesmo que para as espécies de bolores: ***Aspergillus sp*** isotees são semeadas em placas de Petri contendo meio Sabouraud com 4 mm de espessura após solidificação e utilizando uma ansa de platina.

A incubação é efectuada a 37°C durante 5 a 7 dias.

2-3-2-Sementeira em Mueller-Hinton

Semeadura

-I- Fase 01

Após o crescimento de leveduras em placas de Pë^Б contendo meio Sabouraud, estas leveduras rëensemencëes em placas de Pëtries contendo Mueller-Hinton da seguinte forma:

- Colher colónias de leveduras em crescimento em meio Sabouraud com uma zaragatoa de ëstetrilo para cada espécie e colocá-las no tubo que contém água fisiológica estéril (um tubo para cada espécie);
- Espremer pressionando-o firmemente (rodando-o) contra a parede interna do tubo, a fim de o descarregar o mais possível para obter a suspensão de levedura ;
- Agitar a mistura com um vórtex;
- Esfregar o esfregaço em toda a superfície seca da gelose, de cima para baixo, em estrias;
- Terminar a sementeira passando a zaragatoa à volta do bordo da gelose.
- Se semear várias placas de Petri, é necessário recarregar o esfregaço de cada vez.
- Os discos de papel de blotting stëriles são colocados na superfície que contém a levedura;

- São adicionadas diferentes concentrações de óleos essenciais (*Thymus vulgarus, Artimisia herba alba*), a partir de **4ul; 6ul; 8ul; 10 ul; 20ul; 40ul; 60ul; 80ul** para as 04 espécies de fungos ***(Candida zeylano'ides; Candida parapsilosis; Candida albicans; Aspergillus sp).***

NB: são duas repetições para cada dose e um controlo.

Incubação: na incubadora a uma temperatura de 37°C durante 5 a 7 dias.

-I- Fase02

O objetivo desta etapa é verificar se os esporos adjacentes à zona de inibição nas placas de Petri em que foi utilizado o óleo essencial de absinto se contraem ou não.

Semeadura

- Com o auxílio de uma alça de platina, foram preparadas quantidades das 04 espécies de fungos (*Candida zeylanoides; Candida parapsilosis; Candida albicans; Aspergillus sp)* adjacentes à zona de inibição em que foi utilizado o óleo essencial de Armoise; iniciando com doses de **4ul, 6ul, 8ul e 10ul**.
- Espalhar as quantidades colhidas sobre a gelose de Sabouraud seca em estrias.

Incubação: numa estufa regulada a 37°C durante 5 a 7 dias.

É utilizada uma placa de Petrie para cada dose de uma espécie específica.

-I- Passo03:

Esta etapa tem por objetivo verificar a eficácia dos óleos comerciais (Artemísia e Tomilho) sobre as espécies de fungos e comparar os efeitos destes óleos com os efeitos dos óleos essenciais (Artemísia e Tomilho).

Semeadura:

- Coletar colônias de 04 espécies de fungos ***(Candida zeylano'ides; Candida parapsilosis; Candida albicans; Aspergillus sp)*** utilizando um swab estéril para cada espécie;
- Esfregar o esfregaço em toda a superfície seca da gelose, de cima para baixo, em estrias;
- Terminar a sementeira passando a zaragatoa à volta do bordo da geleia.
- Se semear várias placas de Petri, é necessário recarregar o esfregaço de cada vez.
- Colocar os discos esterilizados sobre a superfície congelada que contém a levedura

- São adicionadas diferentes concentrações de óleos comercialmente disponíveis (Tomilho, Artemísia), com concentrações de 80цl; 100цl para as 04 espécies de fungos ***(Candida zeylano'ides; Candida parapsilosis; Candida albicans; Aspergillus sp)***.

Incubação: na incubadora a 37°C durante 5 a 7 dias.

NB: Todas as etapas de inoculação são efectuadas numa área esterilizada em torno do bico de Bunsen com um diâmetro de 15 a 20 cm.

Capítulo 2: Resultados e discussão

1-Resultados

1-1-Matéria seca :

Quadro 01: Peso da matéria seca das duas plantas

A fábrica	Antes da secagem	Após secagem
Artimisia herba alba	5g	4,4g
Thymus vulgarus	5g	4,6g

1-2- Rendimento do óleo essencial

O rendimento dos óleos essenciais a partir de 25 g de matéria seca para cada espécie vegetal (*Artimisia herba alba, Thymus vulgarus*) é apresentado no quadro seguinte:

Tabela 02: Rendimento de óleos essenciais de duas plantas diferentes.

Óleos essenciais	Peso da matéria seca	Volume (ml)
Artimisia herba alba	25g	**0,27 ml**
Thymus vulgarus	**25g**	**0,66 ml**

1-2-1- Estudo organolético dos óleos essenciais

Depois de recolhidos, os óleos essenciais foram ë1.ë conservados em frascos de vidro hermeticamente fechados e protegidos da luz, e as suas características organolépticas foram determinadas.

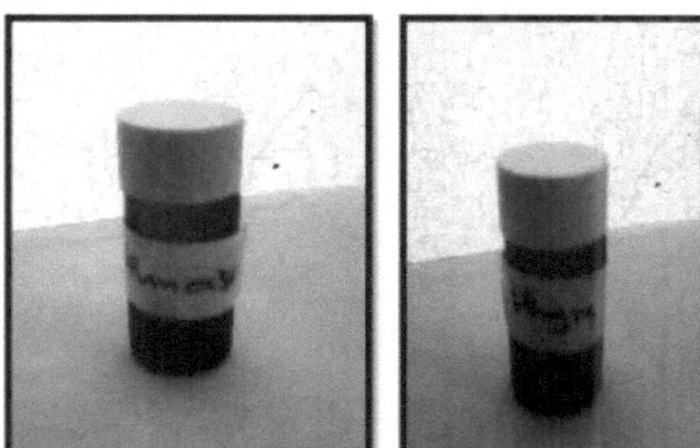

Figura 11: Armazenamento de óleos essenciais em frascos de vidro herméticos

> Óleo essencial de artemísia (*Artimisia herba alba) :*

Hi **Aspeto**: líquido, transparente

Hi **Cor**: amarelo pálido

Hi **Odor**: muito aromático

Hi **Sabor**: agradável e amargo

> Óleo essencial de tomilho (*Thymus vulgarus):*

Hi **Aspeto**: líquido, transparente

Hi **Cor**: amarelo pálido

Hi **Odor**: muito aromático

Hi **Sabor**: agradável e amargo

1-2-2- Caracterização dos óleos essenciais por TLC

Através da separação dos constituintes dos óleos essenciais por cromatografia em camada fina, foi possível determinar a diferença entre a composição química dos óleos essenciais dos dois óleos diferentes.

As razões frontais (FR) encontradas foram comparadas com dados bibliográficos propostos por STAHL. (1975).

HRF= (distância percorrida pela mancha/ distância percorrida pela fase móvel) x 100

A /Óleo essencial de artemísia (*Artimisia herba alba*)

Para a fase móvel **(hexano-acetato de etilo)**, observamos manchas na placa de TLC 1 utilizando a lâmpada de Wood, o que revela a existência de duas manchas com Rf diferentes.

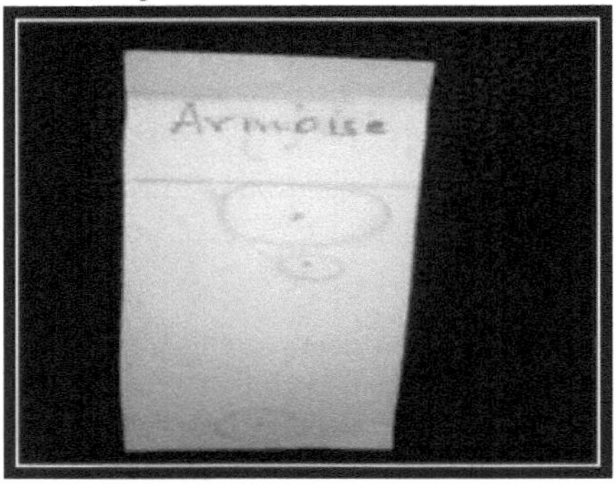

Figura 12: Análise TLC dos óleos essenciais de artemísia (Placa 1)

Tabela 03: Resultados da análise TLC da fase móvel de Armoise HE (*Artimisia herba alba*).

Manchas	Rf	HRF
01	0.62	62
02	0.77	77

NB = Os pontos são numërotëes de baixo para cima

- Os resultados da análise TLC dos óleos essenciais de Armoise (*Artimisia herba alba*) mostram a presença de dois grupos químicos.

B /Óleo essencial de tomilho (*Thymus vulgarus*)

Para a fase móvel **(hexano-acetato de etilo)** observamos manchas na placa 2 utilizando a lâmpada de Wood ^ëк a existência de duas manchas com Rf diferentes.

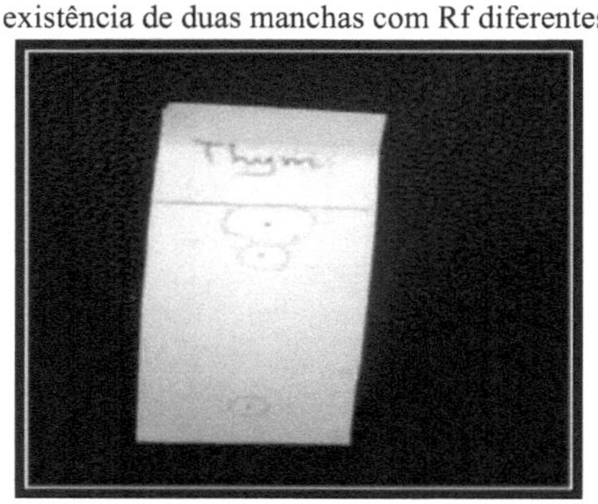

Figura 13: Análise TLC dos óleos essenciais de tomilho (Plate2)

Tabela 04: Resultados da análise TLC do OE de tomilho (*Thymus vulgarus)* para a fase móvel.

Manchas	Rf	HRF
01	0.75	75%
02	0.91	91%

NB = Os pontos são numerados de baixo para cima

- Os resultados da análise TLC dos óleos essenciais de Armoise (*Artimisia herba alba)* mostram a presença de dois grupos químicos.

Interpretação dos resultados dos testes de atividade antifúngica

Os resultados do aromatograma mostram uma atividade real para todas as amostras testadas. No entanto, esta atividade diferiu de acordo com o tipo de óleos essenciais, concentração e tipo de fungos alvo.

Tabela 05: O efeito antifúngico do óleo essencial (*Artimisia herba alba*) em diferentes fungos em diferentes doses.

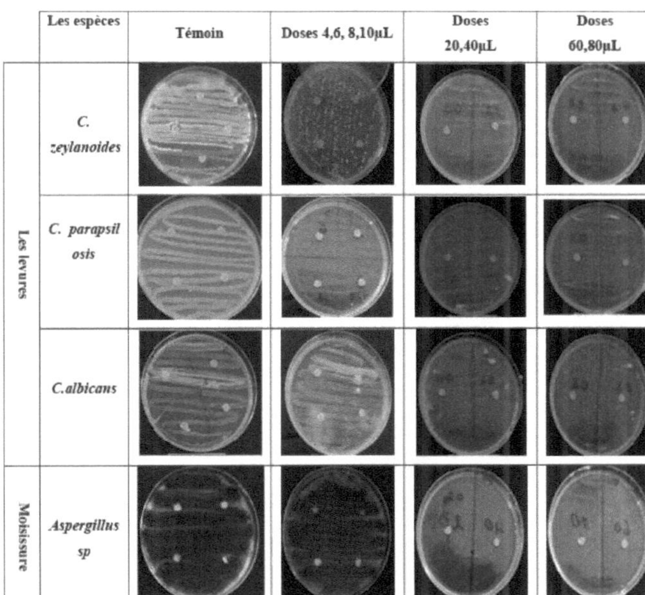

Tabela 06: Diâmetros das zonas de inibição do óleo de artemísia em fungos.

Estirpes de fungos	0 da zona de muting (mm)				Nota
	Dose 4	Dose 6	Dose 8	Dose 10	
C.zeylanoides	9	10	11	8	++

C. parapsilosis	10	12	10	12	++
C .albicans	8	10	12	14	+++
Aspergillus sp	0	0	0	0	-

- Para ***C. zeylanoides, a*** atividade do óleo essencial de artemísia sobre esta espécie é menos fraca em comparação com a tëmoína com colónias sëparëes para doses baixas (4, 6, 8,10ɪɪ1) no intervalo de variação dos diâmetros das zonas de inibição varia de **[8 - 10mm]**, mas a atividade antifúngica deste último foi aumentada com o aumento da concentração de óleo essencial.
- Para ***C. parapsilosis,*** verificou-se um fraco crescimento de fungos com actividades antifúngicas na gama de variação dos diâmetros das zonas de inibição que varia **entre [10-12 mm]** e a ação fúngica aumentou com o aumento da concentração de óleo essencial.
- Para ***C. albicans*** houve atividade antifúngica com a gama de variação dos diâmetros das zonas de inibição a variar de **[8 -14mm]** e a atividade antifúngica aumentou com o aumento da concentração de óleo essencial.
- Para ***Aspergillus sp*** há um bom crescimento de fungos com baixa concentração de óleo essencial é baixa, mas há uma grande atividade antifúngica na concentração de **80 ill de** óleos essenciais que se qualifica como excelente ação.

Determinação da concentração inibitória mínima para 1 óleo essencial puro (*Artimisia herba alba*):

Tabela 07: Testes para a determinação da concentração inibitória mínima para óleo essencial puro (*Artimisia herba alba*).

	Les Espèces	Zone de dose 4 µL	Zone de dose 6 µL	Zone de dose 8 µL	Zone de dose 10 µL
Les levures	C. zeylanoides	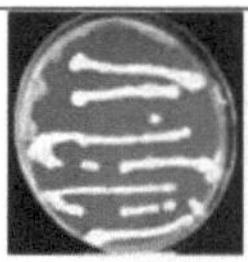	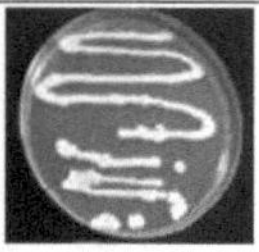		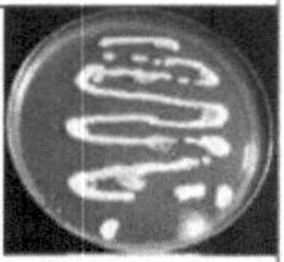
	C. parapsilosis			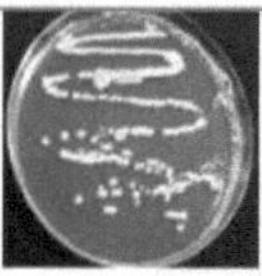	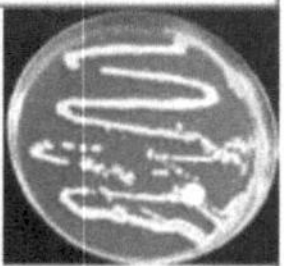
	C.albicans	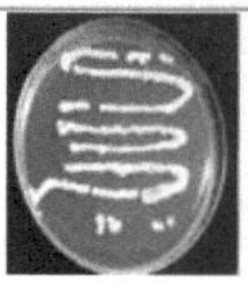	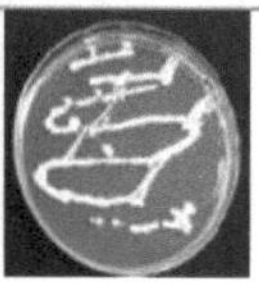	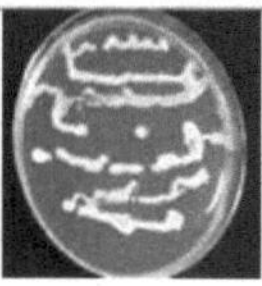	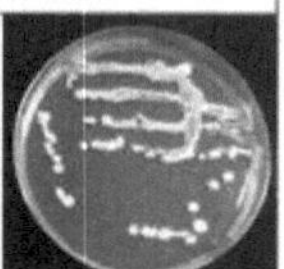

A tabela acima mostra a concentração inibitória mínima após o tratamento com óleo essencial de artemísia. Foi observado um bom crescimento da levedura com todas as 4 doses.
De acordo com este último, podemos dizer que o efeito da artemísia com as doses 4, 6, 8 e 10gl é fungistático porque apenas causou inibição.

O efeito do óleo comercial (Artemísia)

Tabela 08: Efeito do óleo comercial (absinto) em vários fungos

	Les souches	Témoin	Doses 80 µl, 100µl
Les levures	*C. zeylanoides*	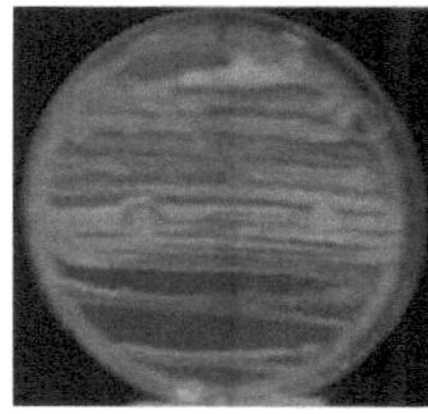	
	C. parapsilosis	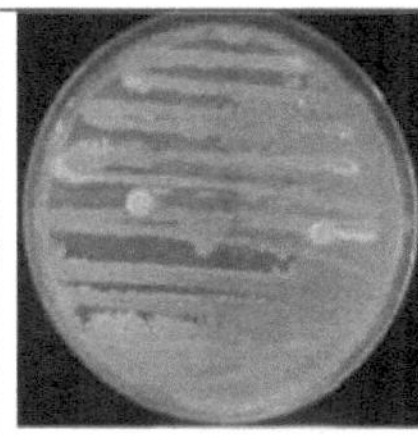	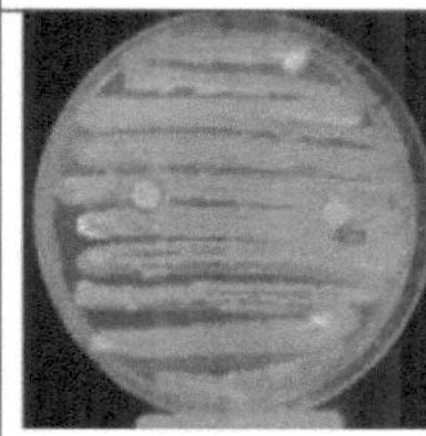
	C.albicans	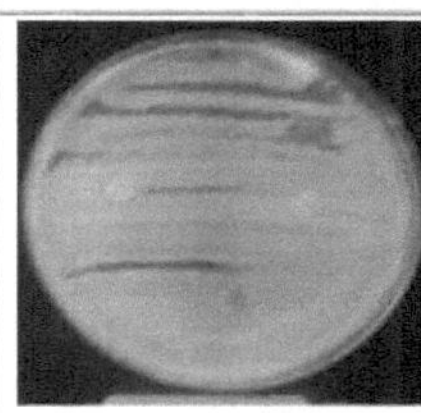	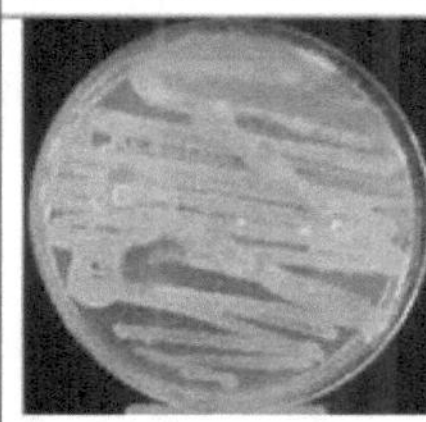
Moisissure	*Aspergillus sp*	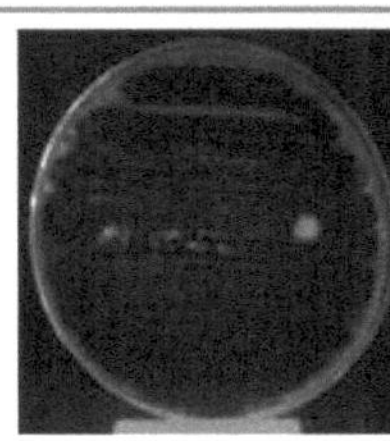	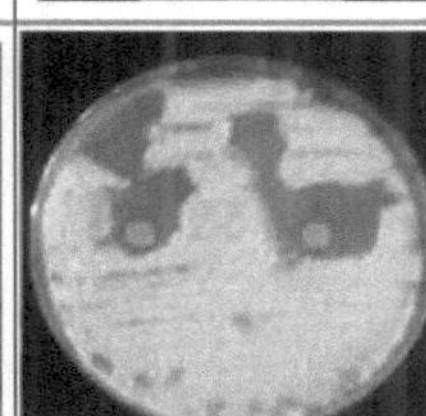

Interpretação: Utilizando o óleo de artemísia comercial, não observamos efeito sobre as 03 espécies de leveduras onde o crescimento foi excelente e bom com as doses altas (80 e 100ɥl), porém *o Aspergillus sp*, quando comparado com o controle observamos que houve um atraso no crescimento (colônias brancas) ao invés de pretas com zonas de inibição (15mm) para a dose de 80ɥl e (17mm) para a dose de 100gl.

Óleo essencial de tomilho:

Tabela 09: O efeito do óleo essencial (*Thymus vulgarus*) em diferentes fungos a doses diferentes.

	Les espèces	Témoin	Doses 4,6, 8,10µL
Les levures	*C. zeylanoides*	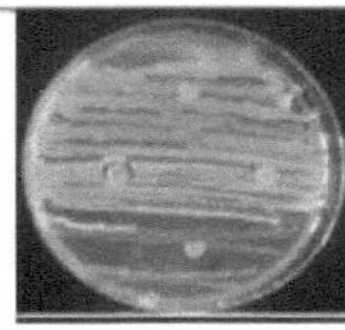	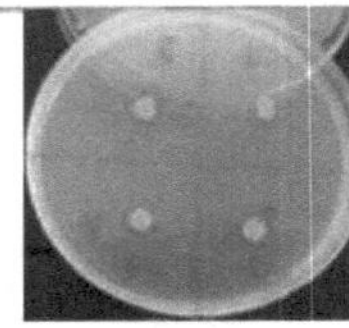
	C. parapsilosis		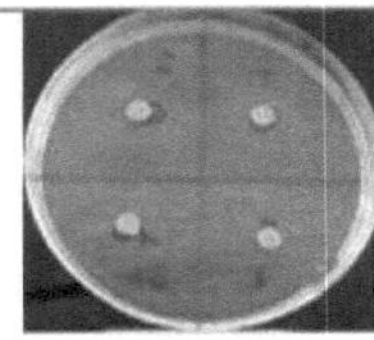
	C. albicans	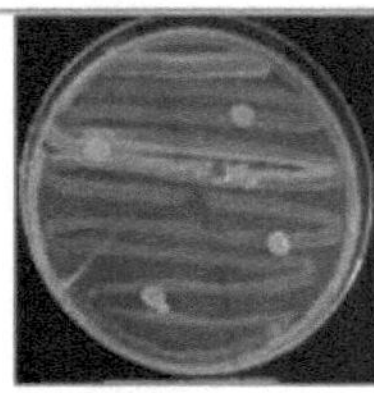	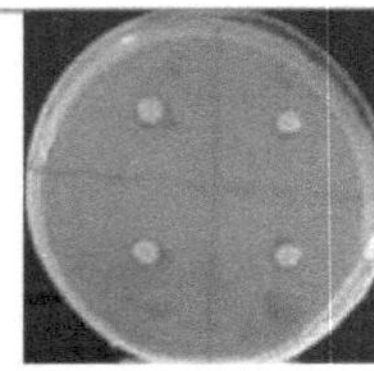
Moisissure	*Aspergillus sp*	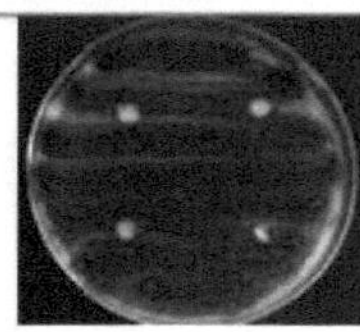	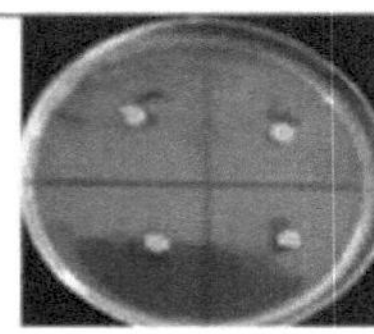

Interpretação: Após a utilização do OE de tomilho nas doses de 4, 6, 8 e 10pl, verificou-se uma ausência total de crescimento e multiplicação de colónias de leveduras e do bolor *Aspergillus sp* quando comparado com os controlos tratados.

Podemos dizer que o tomilho tem um verdadeiro efeito fungicida (total) porque faz com que as colónias desapareçam completamente.

O efeito do óleo comercial (Tomilho) :

- *A Candida zeylanoides* tem uma taxa de crescimento baixa, o que explica a sua boa ação antifúngica.
- Para ***Candida parapsilosis e C.albicans,*** o óleo não tem qualquer ação antifúngica.
- Para ***Aspergillus sp***, existe atividade antifúngica com baixas taxas de crescimento nas fases iniciais.
- O quadro seguinte mostra o seu efeito nos fungos:

Tabela 10: Efeito do óleo comercial (Tomilho) em vários fungos

	Les espèces	Témoin	Doses 80 µl, 100µl
Les levures	*C. zeylanoides*		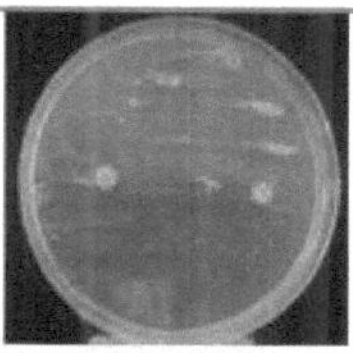
	C. parapsilosis	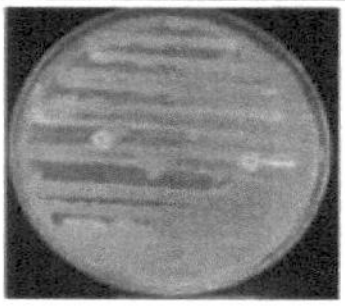	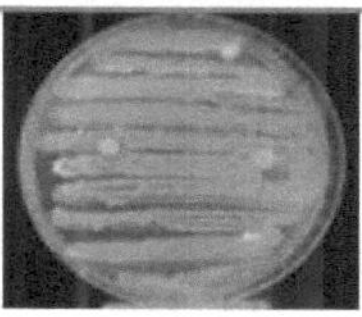
	C .albicans	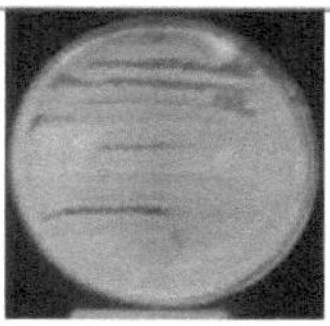	
Moisissure	*Aspergillus sp*	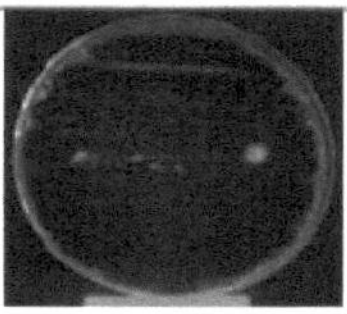	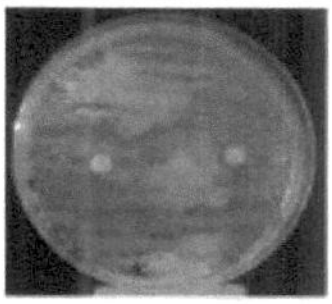

Interpretação: Utilizando o OE de tomilho comercial, verificámos que teve um efeito sobre as duas espécies *C. zeylanoides* e *Aspergillus sp*, onde as colónias mostraram pouco crescimento, mas nenhum efeito sobre *C. parapsilosis* e *C. albicans* e nenhuma atividade antifúngica com o OE de tomilho comercial.

O efeito da mistura de óleos comerciais (artemísia e tomilho) em *Aspergillus sp.*

Foi observada uma boa atividade antifúngica nas espécies de fungos *Aspergillus sp* quando dois óleos comerciais **(absinto e tomilho)** foram misturados em diferentes concentrações **(80 ,100)** e a gama de variação nos diâmetros das zonas de inibição variou de **[14mm - 35mm].**

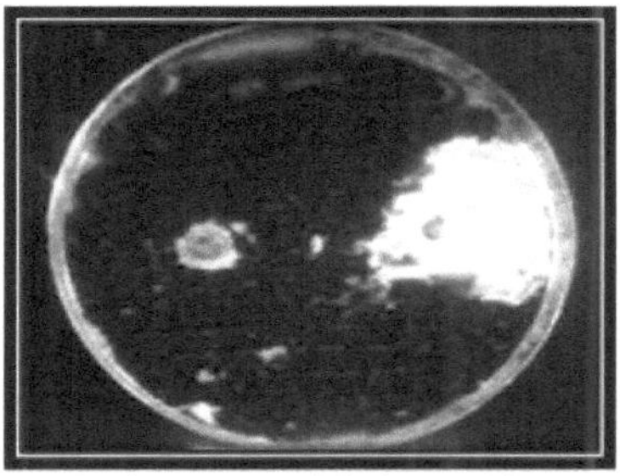

Figura14:O efeito da mistura de óleos comerciais (artemísia e tomilho) sobre *Aspergillus sp.*

Interpretação : Após a sensibilidade de ***Aspergillus sp*** em relação aos OEs comerciais e como um teste (um idëe realiser) nós mëlangë os dois OEs comerciais (tomilho e artemísia) com doses 80, 100pl. Nós vemos um bom efeito sobre *Aspergillus com* duas zonas de inibição de 14mm para 80ц1 e 35mm para 100pl.

2-Discussão

Tendo em conta o aumento da utilização de antibióticos nos últimos anos e a crescente resistência dos microrganismos (bactérias, fungos), temos de considerar novas substâncias naturais, como os óleos essenciais, como alternativas aos antibióticos.

O nosso estudo foi realizado com o objetivo de demonstrar a eficácia de dois óleos essenciais (tomilho e artemísia) contra 4 espécies de fungos patogénicos para o homem e para os animais, tais como *Aspergillus sp*, *Candida zeylapanoides, C. parapsilosis* e *C. albicans*.

No nosso laboratório, extraímos dois óleos essenciais utilizando o método de hidrodestilação porque, segundo **Abdelouahid et *al* (2010) [1]**, "este é o método que mantém intactos os componentes do aroma e da fragrância naturalmente presentes na planta.

O rendimento médio de óleo essencial foi calculado com base na matéria vegetal seca da parte aérea da planta (as folhas). O rendimento do óleo essencial de *Artemisia herba alba* foi de 0,27 ml e o rendimento do óleo essencial de *Thymus vulgarus* foi de 0,66 ml, devido ao facto de o teor de água de *Thymus vulgarus* ser superior ao de *Artemisia herba alba*, ao tipo de planta e às condições ambientais.

Utilizando o método TLC, verificámos que cada um dos dois OEs extraídos é composto por dois grupos químicos.

Os óleos essenciais de artemísia e tomilho mostram uma atividade antifúngica interessante em relação às concentrações utilizadas, uma vez que as estirpes altamente patogénicas de *Candida* e *Aspergillus sp* são muito sensíveis a estes dois óleos.

Todas as estirpes testadas foram extremamente sensíveis a todas as doses de óleo essencial de tomilho testadas, mostrando uma elevada sensibilidade a doses mais baixas de volume 4 pl. De acordo com **Feerman et *al (*2006*)* [22]**, isto pode ser explicado pelo grande efeito dos componentes do tomilho na ultra-estrutura do *Aspergillus sp*, onde causam danos irreversíveis na membrana plasmática e nos organelos do fungo, em particular nas mitocôndrias, o que interrompe a respiração e causa a morte, inibindo a germinação dos fungos.

esporos, alongamento do micélio, esporulação e produção de toxinas em bolores, o óleo de tomilho provoca a lise das células de levedura ou reage com enzimas de membrana e degrada a membrana celular e provoca a fuga do conteúdo celular para o exterior, e de acordo com **Suppakul et *al.(* 2003) [41]** sugeriram que a atividade antifúngica do HE, pode ocorrer de acordo com dois mecanismos diferentes: alguns constituintes causam a fuga de electrólitos e a depleção de aminoácidos e açúcares, outros podem ser inseridos nos lípidos da membrana, consequentemente há perda de funções da membrana.

O tomilho comercial revelou-se menos eficaz, mesmo em doses elevadas (80, 100pl), tendo sido observadas diferenças de sensibilidade entre as espécies estudadas, o que pode ser explicado pela adição de produtos como o tween 20, 40, 60 e 80, que alteram a sua estrutura.

Por outro lado, o óleo essencial de artemísia puro é menos eficaz do que o óleo essencial de tomilho, com os volumes testados mostrando que a artemísia em baixas doses não é fungicida (letal) mas é fungistática (inibitória), sendo a prova a multiplicação de esporos isolados em torno das zonas de inibição, mas este último mostra uma forte eficácia no volume 80 pl. Esta atividade depende da concentração do óleo, que mostra um bom poder antifúngico. Os fungos mostraram maior sensibilidade ao aumento do volume de óleo em seu meio de cultura, onde o diâmetro da colônia reduziu cada vez que a dose de óleo foi aumentada até a inibição total ou nenhum crescimento foi observado, isso pode ser devido à presença de compostos mais ativos com o aumento da dose de óleo essencial.

O absinto comercial é notavelmente ineficaz contra as espécies de leveduras, mas notavelmente eficaz contra as espécies de bolores.

Tentámos ver o efeito da mistura de dois óleos comerciais (tomilho e artemísia) mas apenas em *Aspergillus sp* vimos um efeito antifúngico com a dose mais elevada.

[22].De acordo com , o óleo essencial de tomilho é mais eficaz do que o de artemísia, e a sua atividade antifúngica explica por que razão os grupos moleculares com as acções antibacterianas mais potentes são também antifúngicos eficazes. Os resultados mostram que os óleos com fortes propriedades antifúngicas, como o tomilho e a canela, podem ser uma alternativa interessante nas terapias antimicóticas.

De acordo com [35], o óleo de tomilho é frequentemente referido como um dos óleos mais activos. O seu

O carvacrol, o principal componente, tem também uma forte atividade antimicrobiana. Estes mesmos autores salientaram que a atividade do óleo de tomilho não se deve apenas à atividade de um único componente, mas à sinergia entre os outros constituintes.

Como constituinte maioritário, o timol pode ser considerado responsável pelo forte poder antifúngico do óleo de tomilho. Isto foi confirmado pelo estudo de [15], este composto inibiu o desenvolvimento de fungos patogénicos e fitopatogénicos em MICs muito baixos. O timol e o carvacrol revelaram-se os mais eficazes, seguidos do a-terpineol e do efeito sinérgico entre o ácido salicílico e o linalol numa proporção que resultou na inibição total dos germes.

Graças à riqueza dos seus compostos principais, o óleo essencial revelou-se eficaz contra as estirpes de fungos testadas. Estes resultados preliminares podem ser completados por outros estudos mais aprofundados (testes toxicológicos, modo de aplicação, etc.) a fim de explorar as suas propriedades antimicrobianas.

Conclusão

A maior parte das plantas são úteis ao homem. O tomilho e a artemísia são plantas há muito conhecidas em Alguriex e tradicionalmente utilizadas como anti-sépticos, contra as dores, para o cabelo,... .

Os óleos essenciais e os seus constituintes têm uma longa história como agentes antifúngicos.

O objetivo deste trabalho é contribuir para o estabelecimento da atividade antifúngica dos óleos essenciais.

Inicialmente, este estudo centra-se na extração destes metabolitos de plantas nativas *(Artimisia herba alba, Thymus vulgarus)*, utilizando o processo de hidrodestilação, que produz

Os isótopos de HE foram analisados por cromatografia em camada fina (TLC) para determinar a sua composição bioquímica. Foram encontradas diferenças significativas na composição quantitativa e qualitativa dos extractos obtidos.

Em segundo lugar, o trabalho é orientado para a demonstração da atividade antifúngica destes óleos em fungos patogénicos (*Candida zeylanoides; Candida parapsilosis; Candida albicans e Aspergillus sp).*

O OE de tomilho estudado mostrou uma forte atividade antifúngica em todas as estirpes testadas, enquanto o óleo essencial de artemísia mostrou uma atividade antifúngica média quando comparado com o tomilho.

No entanto, deve ser salientado que a atividade antifúngica do OE de tomilho não se deve apenas aos compostos maioritários, mas a todos os compostos básicos.

O aromatograma do óleo de artemísia comercial mostrou eficácia contra *Aspergillus*, enquanto o óleo de tomilho mostrou atividade antifúngica contra *Candida zeylanoides* e *Aspergillus.*

Estes resultados apontam para um resultado favorável para a segurança sanitária.

Referências

[1]-Abdelouahid.D e Bekhechi. C., (2010) Óleos essenciais. Edição © office des publications universitaires. 55p.

[2]-Abdelkader. B., (2011) Les plantes medicinales d'Algerie.

[3]-Amor. M., (2006). Fitoterapia, recolha de plantas medicinais, os óleos essenciais. **[4]-Anónimo, (2007).** Plantas medicinais. Centro de Cooperação Agrícola e Rural Postbus 380,6700 AJ Wageningen, Países Baixos. PP1-3.

[5]-Belaiche. P., (1979). Traite de piytotierapie et aromatierapie, tom 2, maloine S.A. Editeur paris.

[6]- Ben Mezrabtia .A et Difi .D. Caracterisation ciimique des iuiles essentielles et leurs activites antibacterienne de deux espëces de Lamiaceae *Origanum vulgarus* et le *Thymus vulgarus* dans la region d'Ouled Driss (Souk Ahras). Edição da Universidade de Souk Ahras. P20.

[7]-Bego. Ph., (2001). Conhecer l'essentiel sur les huiles essentielles. Coleção aromaterapia prática, visão geral dos diferentes métodos de extração de óleos essenciais. Infoessência. PP5-6.

[8]-Boubrit .S., (2007) Determinação "in vitro" do poder antibacteriano dos óleos essenciais de eucalipto, murta, cravinho e segurelha, e sua aplicação na conservação de carne fresca tipo hachee. Diploma de Ingeniorat d'etat em biologia. Universidade Mouloud Mammeri, Tizi-Ouzou .P59

[9]-Bourafa .I., (2007). Estudo etnobotânico e controlo dos orégãos comuns. Memoire de fin d'etudes en vue de l'obtention du diplôme de pharmacien d'etat. Publicado pela Universidade de Annaba. P14.

[10]- Chefrour. M e Hamaida. H.,(2005). Etude ethnobotanique des plantes medicinales dans l'Est Algerien (region de Souk-Ahras), Memoire de fin d'etude en vue de l'obtention du diplôme de pharmacien d'etat,partement de pharmacie, faculte de medecine, universite Badji Mokhtar, Annaba.PP34-36 .

[11] - Chopra I., Abrol B. e Handa. K.,(1960) Medicinal plants of arid regions considered especially from the botanical point of view. Drug Research Laboratory, Jammu (Índia).99p.

[12]-Clement. , (1981). Larousse agricole. Edição: Paris. PP: 730-732.

[13]- Clevenger JF, (1928). "Aparelho para determinação de óleos voláteis, descrição de um novo tipo". American Parfumer & Essential Oil Revie.PP 467-503.

[14]-Cosentino. S e Tuberoso. C.,(1999). atividade antimicrobiana in vitro e composição química dos óleos essenciais do timo da Sardenha. P 29.

[15]-Couladis. M., Tzakou. O., Kujundzic. S., Sokovic .M. e Mimica-Dukic N., (2004). Análise química e atividade fúngica de *Thymus striatus*. Phytother. Res, PP 40-42.

[16]-Danoune. K et Dziri .F. ,(2008). Etude de l'effet des huiles essentielles de Menthe et Thym et de leurs interactions sur certaines bacteries pathogenes de la viande. These d'ingënieur. Universidade Mouloud Mammeri. Tizi Ouzu. 103p.

[17]-Dewit H., (1986). Plantas do mundo: plantas com flor. Tomo 2. Edição: Hchette. Paris. PP196- 201.

[18]- Djeroummi. A et Nacef. M. , (2004). 100 plantes medicinales d'Algerie, PP88 -159 .

[19] - Donadieu. Y. ,(2008). História da fitoterapia.

[20]-El Abed. D e Kambouche. N. (2003) Les huiles essentielles. Edição El Gharb. Oran. 61p.

[21]-Fellah. I., (2010). Etude d'une plante aromatique et medicinale Lavandula stoechas L.dans la ParcNational d'El Kala, Nord-Est Algerien ; Aspect Phytochimique, Histologique, et Antib acterien. Memo ire de l'obtention du diplôme de Magistere. Universidade Badji Mokhtar, Annaba .102p.

[22]-Freeman. L e Carly. ,(2006). Aromaterapia: Ciência da natureza, nitração, prevenção e perfume. 56p

[23]-Fronty e Laura, (1995). Les plantes aromatiques, les connaitre, les cultivent, les utiliser. Edição: du chene. Paris. 96p.

[24]- Georges. M., (1992). A flora e a vegetação mediterrânicas. Edição: Ouest-France-Rennes. Paris. 221p.

[25] - Iserin. P, Masson. M et Restellini. J.P.,(2001) Encyclopedie des plantes medicinales : Identification, Preparations, Soins, Larousse Paris 2001, PP 10- 14

[26] -Imdorf . A., Bogdanov. S., Ibanez Ochoa. R e Calderone. N., (1999). Utilização de óleos essenciais para o controlo de Varroa destructor (Oud.) em colónias de abelhas. Apidologie PP209 - 228.

[27]-Jean M. ,(1992). Nouveau guide de phytotherapie remede d'hier pour medecine de demain. Edição Jacque Grancher.

[28]- Jan Vet Jiri S., (1984). Plantas medicinais.

[29]-Leon Raul H. (2005). Substituição de solventes sintéticos e materiais activos por uma combinação "solvente/ativo" de origem vegetal. Escola Nacional Superior de Engenheiros em Artes, França. PP 18-20.

[30]-Marouf. A., (2000). Dicionário de botânica. Edição: dounod paris. PP129-200.

[31]-Nicolas .V., (1991). emeÓleo essencial: Produção mundial, comércio internacional e avaliação de preços. io journee nationale des huiles essentielles. Actas, Ravista italiana. Eppos .PP 534-539.

[32] - Padrini. F e Luchroni .N . , (1996). O grande livro dos alimentos essenciais, medicina doce, bem estar. Edição de VECCHIS-A. 206p.

[33] - Paris. R e Moyse. H., (1976) Matiere medicinale. Tomo 3. Ed Masson et Cite. Paris. 509p.

[34]- Paris R e Dillemann. G., (1960). Les plantes medicinales des régions arides considerees surtout du point de vue pharmacologique. Laboratoire de matiere medicale, Faculte de pharmacie de Paris.99p.

[35]- Oussalah .M., Caillet .S., Saucier. L. e Lacroix. M., (2006). Atividade antimicrobiana de óleos essenciais de plantas seleccionadas sobre o crescimento de uma estirpe de *Pseudomonas putida* isolada da carne. Meat Science PP 236-244.

[36]-Quatresons. N., (2011).L'aspergillose humaine .Diplome d'etat de docteur en pharmacie. P2.

[37]- Saadou. Estudo e caraterização química das madeiras essenciais do género Pinus, no Parque Nacional de El Kala (P.N.E.K). Memoire de Magister. Edição da Universidade de Annaba. PP 17-22.

[38]- Sadok. G. ,(2009). A fitoterapia. Escola superior de ciências e técnicas da saúde de Sousse. P07.

[39] -Sebai M e Boudali M. , (2012). La phytotherapie entre la confiance et mefiance.

Instituto de formação paramédica CHETTIA. PP 09-21.

[40]- Stahl et al, (1975) Chromatographic and microscopic analysis of drugs. Ed Lavoisier. 380p.

[41]- Suppakul .P., Miltz .J., Sonneveld. K et Bigger .S., (2003). Propriedades antimicrobianas do manjericão e sua possível aplicação em embalagens de alimentos. J.Agric. Food Chem, PP 3197-3207 **[42]- Vecchi .S., (1993).** Encylopedia des plantes medicinales com 200 ilustrações. Edição: Tec et DOC. PP7-8.

[43]- Zaidi .N e Hacini . N. ,(2002). Etude ethnobotanique des deux familles : Laliacees et Solanacees dans l'est algerien. Memoire de DES. Universidade de Annaba. P35.

[44]-Zhiri. A e Baudoux. D., (2008). Óleos essenciais quimiotipados e suas sinergias.

SÍTIOS WEB

[45] - http://www.cbnbrest.fr/site/pdf/ambroisie.pdf

[46]http://www.franceagrimer.fi7content/download/13937/100977/file/Livret%20Les%20pla n
tes%20aromatiques%202012.pdf

[47] -http://www.egk.ch/fr/doc/nl/thymian.pdf

[48] -www.phytomania.com/thym.htm

[49]-file:///H:/thym/thym_fichiers/thy

[50] -file:///H:/armoise/index.php fichiers/artemisia.jpg

[51]-http://www2.ac-lyon.fr/enseigne/biotech/microbio/milieux.html

Apêndice

Apêndice 01:

Meio-campo Sabouraud:

Fórmula em g/L de água destilada :

- Peptona10 g
- Massa de glucoseë20 g
- Agar-agar15g
- Água destilada 1000 ml
- Vitaminas e factores de crescimento
- PH = 6,0 [51]

Apêndice 02 :

Composição do meio-campo de Mueller-Hinton:

Em gramas por litro de água destilada

- Infusão de carne de bovino300ml .
- Casëine peptona17 .5
- Tapetes de amido1 ,5
- Agar17
- PH final = 7,4 [51]

Apresentado por : **Ben Adouda Saloua** **e** **Chaib Nadia**	**Avaliação do poder antifúngico de *Artemisia* herba alba e *Thymus vulgaris* contra várias espécies de fungos patogénicos para o homem (Candida sp e Aspergillus sp).**	Emoldurado por: **DR-BERROUK-Houda**

ReSume:

O tomilho (*Thymus vulgarus)* e a artemísia (*Artimisia herba alba)* são plantas medicinais utilizadas na medicina tradicional. A hidrodestilação é o principal método utilizado para obter óleos essenciais destas duas plantas medicinais.

A cromatografia em camada fina (TLC) mostra e identifica a presença de dois grupos químicos para cada óleo.

Com base nos nossos resultados, podemos confirmar que os dois óleos essenciais estudados, em particular o óleo essencial de tomilho, são agentes antifúngicos naturais eficazes e podem ser uma ferramenta muito importante na luta contra as doenças fúngicas.

Palavras-chave : hidrodestilação, óleos essenciais, cromatografia em camada fina, agentes antifúngicos

MIX
Papier aus verantwortungsvollen Quellen
Paper from responsible sources
FSC® C105338

Printed by Books on Demand GmbH, Norderstedt / Germany